Pisa-Training

Bruchrechnen

Denk- und Sachaufgaben

Aufgabenheft

zur

Übung – Vertiefung – Wiederholung

bearbeitet von
Hermann-Dietrich Hornschuh
und Jochen Kreusch

D1859255

Mildenberger Verlag

Pisa-Training 5, Aufgabenheft
Bestell-Nr. **150-21**

Pisa-Training 5, Lösungen
Bestell-Nr. **150-211**

Pisa-Training 6, Aufgabenheft
Bestell-Nr. **150-22**

Pisa-Training 6, Lösungen
Bestell-Nr. **150-221**

Prozentrechnen, Aufgabenheft
Bestell-Nr. **570-12**

Prozentrechnen, Lösungen
Bestell-Nr. **570-13**

Übersicht über die bei den Aufgaben verwendeten Größen

Längenmaße:		**Flächenmaße:**		**Raum- bzw. Hohlmaße (Volumen):**		**Massemaße (Gewichte):**		**Zeitmaße:**	
Millimeter	mm	Quadratmillimeter	mm^2	Kubikmillimeter	mm^3	Milligramm	mg	Sekunde	s
Zentimeter	cm	Quadratzentimeter	cm^2	Kubikzentimeter	cm^3	Gramm	g	Minute	min
Dezimeter	dm	Quadratdezimeter	dm^2	Kubikdezimeter	dm^3	Kilogramm	kg	Stunde	h
Meter	m	Quadratmeter	m^2	Kubikmeter	m^3	Tonne	t	Tag	d
Kilometer	km	Ar	a	Milliliter	ml			Woche	
		Hektar	ha	Liter	l			Monat	
		Quadratkilometer	km^2	Hektoliter	hl			Jahr	a

Bestell-Nr. 570-10 · ISBN 978-3-619-05710-8

© 2007 Mildenberger Verlag GmbH, 77652 Offenburg

Internetadresse: www.mildenberger-verlag.de
E-Mail: info@mildenberger-verlag.de

Auflage	Druck	4	3	2	1
Jahr		2010	2009	2008	2007

Das Werk und seine Teile sind urheberrechtlich geschützt. Jede Nutzung in anderen als den gesetzlich zugelassenen Fällen bedarf der vorherigen schriftlichen Einwilligung des Verlags. Hinweis zu § 52 a UrhG: Weder das Werk noch seine Teile dürfen ohne eine solche Einwilligung eingescannt und in ein Netzwerk eingestellt werden. Dies gilt auch für Intranets von Schulen und sonstigen Bildungseinrichtungen.

Druck: VVA GmbH / Wesel Kommunikation, 76534 Baden-Baden
Gedruckt auf umweltfreundlichem Papier

Inhaltsverzeichnis   Seite

Vorwort

In diesem Buch werden Schülerinnen und Schüler (im Folgenden Schüler genannt) übliche Aufgabenserien zur Bruchrechnung vermissen.
Das ist gewollt.

Im Vordergrund stehen solche Aufgabenstellungen, die helfen, den Bruchbegriff inhaltlich zu erfassen.
Selbstverständlich wird auch gerechnet.

Wie schon betont, geht es dabei nicht vordergründig um formale Fertigkeiten, sondern um das denkende Erschließen der Zusammenhänge im Rahmen der vier Grundrechenoperationen.

Gleichzeitig wird im gegebenen Zusammenhang das Prozentrechnen sinnvoll vorbereitet.

Der Autor

Einführendes

Jeweils auf der linken Buchseite wird eine Musteraufgabe vorgerechnet, welche die inhaltlichen Bezüge darstellt und grundsätzliche Anregungen zur Verfahrensweise bei der Lösung der folgenden Übungsaufgaben gibt.

Die Übungsaufgaben enthalten Beispiele zum gegebenen Seitenthema.

Ausführliche Lösungen zu allen Aufgaben finden sich im zugehörigen Lösungsheft.

Am Schluss des Buches werden auf jeweils einer Doppelseite zu allen drei Aufgabenkomplexen Testaufgaben angeboten.

Addieren von Brüchen

1. Musteraufgabe

a) Für die Feiertage kauft Mutter an der Fleischtheke $1\frac{1}{2}$ Kilogramm Schweinefleisch, $\frac{3}{4}$ Kilogramm Rindfleisch und $\frac{1}{2}$ Kilogramm Kalbfleisch. Wie viel Kilogramm Fleisch kauft Mutter insgesamt?

b) Ihre Nachbarin kauft von jeder Fleischsorte $\frac{1}{8}$ Kilogramm mehr als Mutter. Wie viel Kilogramm Fleisch kauft die Nachbarin insgesamt?

Lösung

a) Rechnung:
(Hauptnenner 4): $1\frac{1}{2}\text{ kg} + \frac{3}{4}\text{ kg} + \frac{1}{2}\text{ kg}$

$= \frac{3}{2}\text{ kg} + \frac{3}{4}\text{ kg} + \frac{1}{2}\text{ kg}$

$= \frac{6}{4}\text{ kg} + \frac{3}{4}\text{ kg} + \frac{2}{4}\text{ kg}$

$= \frac{11}{4}\text{ kg}$

$= 2\frac{3}{4}\text{ kg}$

Antwortsatz: Mutter kauft insgesamt $2\frac{3}{4}$ kg Fleisch.

b) Rechnung:
(Hauptnenner 8): $2\frac{3}{4}\text{ kg} + \frac{3}{8}\text{ kg}$

$= \frac{22}{8}\text{ kg} + \frac{3}{8}\text{ kg}$

$= \frac{25}{8}\text{ kg}$

$= 3\frac{1}{8}\text{ kg}$

Antwortsatz: Die Nachbarin kauft $3\frac{1}{8}$ Kilogramm Fleisch.

Übungsaufgaben

1. Übungsaufgabe

$\frac{3}{4}$ Stunde + $\frac{1}{2}$ Stunde + $\frac{1}{6}$ Stunde

a) Rechne in Minuten.
b) Rechne mit den Brüchen. Vergleiche.

2. Übungsaufgabe

$\frac{1}{2}$ Meter + $\frac{3}{4}$ Meter + $\frac{1}{10}$ Meter

a) Rechne in Zentimetern.
b) Rechne mit den Brüchen. Vergleiche.

3. Übungsaufgabe

$\frac{7}{10}$ Liter + $\frac{3}{4}$ Liter + $\frac{1}{8}$ Liter = ?

4. Übungsaufgabe

$\frac{3}{10}$ Kilometer + $\frac{3}{100}$ Kilometer + $\frac{3}{1000}$ Kilometer

a) Rechne in Metern.
b) Rechne mit den Brüchen. Vergleiche.

5. Übungsaufgabe

Ein Zwölftel aller Schüler einer Realschule fahren mit dem Fahrrad und $\frac{1}{25}$ mit dem Moped zur Schule. $\frac{2}{3}$ von ihnen werden mit dem Schulbus gebracht. Die übrigen kommen zu Fuß.

a) Welcher Anteil (Bruch) der Schüler kommt nicht zu Fuß?
b) Wenn 27 Schüler ein Moped benutzen, wie viele Schüler hat dann diese Schule?

6. Übungsaufgabe

In einer Kelterei werden Säfte in Flaschen mit folgenden Fassungsvermögen gefüllt: 1 Liter, $\frac{3}{4}$ Liter, $\frac{1}{2}$ Liter, $\frac{3}{8}$ Liter und $\frac{1}{4}$ Liter.

Wie viel Liter Saft sind in fünf Flaschen enthalten, wenn ein Käufer von jeder Sorte eine Flasche kauft?

7. Übungsaufgabe

In der Gartenabteilung des Baumarktes gibt es Grassamen in Packungen zu 5 Kilogramm, $1\frac{1}{2}$ Kilogramm, 500 Gramm und 100 Gramm.

Wie viel Kilogramm Grassamen enthält das gesamte Sortiment?

Subtrahieren von Brüchen

2. Musteraufgabe

Ein Teil der Klassenwanderung, nämlich von der Bahnstation zur Schiffsanlegestelle, dauerte $3\frac{1}{4}$ Stunden.

In dieser Zeit war eine geplante Rast von einer halben Stunde und eine unfreiwillige Pause von einer Drittelstunde wegen eines Platzregens enthalten.

a) Wie viele Stunden sind die Kinder gelaufen?

b) Die Klasse war um 9.30 Uhr von der Bahnstation losgegangen.
Um wie viel Uhr traf sie an der Schiffsanlegestelle ein?

Lösung

a) 1. Rechnung:

$3\frac{1}{4}$ Stunden $-\frac{1}{2}$ Stunde $-\frac{1}{3}$ Stunde

$=\frac{13}{4}$ Stunden $-\frac{1}{2}$ Stunde $-\frac{1}{3}$ Stunde (Hauptnenner 12)

$=\frac{(39-6-4)}{12}$ Stunden

$=\frac{29}{12}$ Stunden

$=2\frac{5}{12}$ Stunden

2. Rechnung:

195 Minuten – 30 Minuten – 20 Minuten

= 145 Minuten

Das sind 2 Stunden und 25 Minuten.

Antwortsatz: Die reine Laufzeit betrug 2 Stunden und 25 Minuten.

b) Gesamtzeit: 9 Stunden 30 Minuten + 3 Stunden 15 Minuten
= 12 Stunden 45 Minuten

Antwortsatz: Die Klasse traf um 12.45 Uhr an der Schiffsanlegestelle ein.

Übungsaufgaben

8. Übungsaufgabe
In einer Sandgrube lagerten 45 Tonnen Kies. Nacheinander wurden $7\frac{1}{2}$ Tonnen, $3\frac{3}{4}$ Tonnen und 6 Tonnen abtransportiert.
Wie viel Tonnen Kies verblieben in der Sandgrube?

9. Übungsaufgabe
In einem Laborgefäß waren noch 40 Milliliter Salzsäure enthalten.
Nacheinander wurden folgende Mengen entnommen:
$1\frac{3}{8}$ Milliliter, $2\frac{1}{2}$ Milliliter und $\frac{3}{4}$ Milliliter.
Wie viel Milliliter Salzsäure blieben im Gefäß?

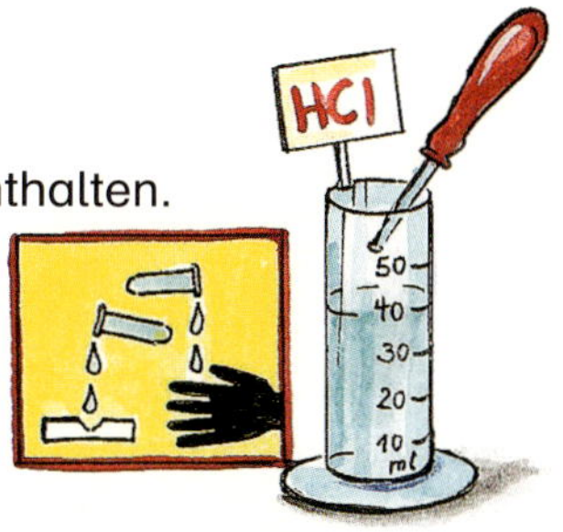

10. Übungsaufgabe
Am Marktstand von Gärtner Hofer war noch eine Kiste mit 22 Kilogramm Pflaumen gefüllt.
Zuerst verkaufte er davon $1\frac{1}{4}$ Kilogramm, danach noch zweimal $\frac{3}{4}$ Kilogramm.
Wie viel Kilogramm Pflaumen waren übrig?

11. Übungsaufgabe
In der Markthalle lagen $12\frac{3}{4}$ Kilogramm Tomaten zum Verkauf.
Nacheinander wurden folgende Mengen verkauft.
$\frac{7}{8}$ Kilogramm, $\frac{655}{1000}$ Kilogramm, $\frac{3}{5}$ Kilogramm und 360 Gramm.
Wie viel Kilogramm Tomaten blieben noch übrig?

12. Übungsaufgabe
Im Wasserfass von Herrn Krause waren noch 125 Liter Regenwasser.
Seine Gießkanne fasste $6\frac{1}{2}$ Liter. Herr Krause schöpfte 11 Kannen.
Wie viel Liter Regenwasser waren danach noch im Fass?

13. Übungsaufgabe
Ina bekam zur Tageswanderung ihrer Klasse 6 Euro mit. Für ein Viertel des Betrages kaufte sie sich Kekse. Ein Fünftel des Betrages gab sie für Eis aus und $\frac{1}{3}$ für eine Tafel Schokolade.
Welchen Anteil (Bruch) brachte Ina wieder mit nach Hause?

14. Übungsaufgabe
24 Schüler einer Klasse bekamen ihr Diktat zurück. $\frac{1}{8}$ von ihnen hatten höchstens einen Fehler, $\frac{1}{4}$ hatten zwei oder drei Fehler, $\frac{1}{3}$ von ihnen 4 bis 6 Fehler und der Rest mehr als 6 Fehler.
Welcher Anteil (Bruch) der Schüler dieser Klasse hatte mehr als 6 Fehler?

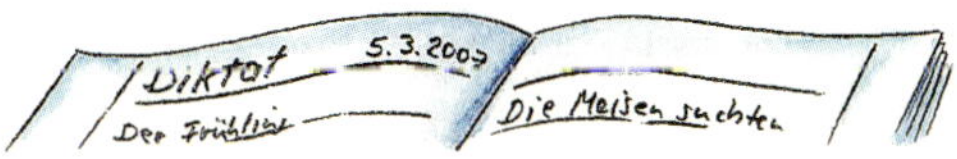

Multiplizieren von Brüchen

3. Musteraufgabe

Berechne den Umfang (u) und den Flächeninhalt (A) des Rechtecks.

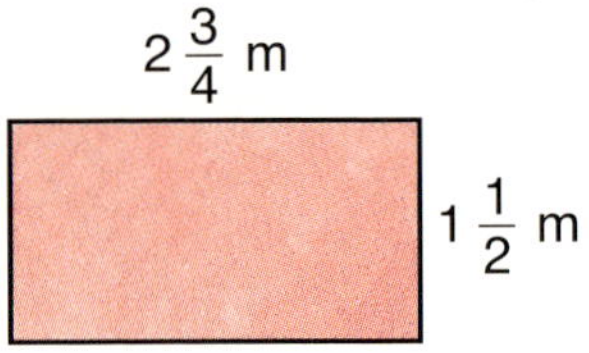

Lösung

Erster Weg – Verwenden von Dezimalzahlen

u = (275 Zentimeter + 150 Zentimeter) · 2 = 425 Zentimeter · 2
= 850 Zentimeter
= 8,50 Meter

A = 275 Zentimeter · 150 Zentimeter
= 41 250 Quadratzentimeter
= 412,5 Quadratdezimeter
= 4,125 Quadratmeter

Zweiter Weg – Verwenden von Bruchzahlen

$u = (\frac{11}{4}\text{ m} + \frac{3}{2}\text{ m}) \cdot 2$

$= (\frac{11}{4}\text{ m} + \frac{6}{4}\text{ m}) \cdot 2$

$= (\frac{17}{4}\text{ m}) \cdot 2$

$= \frac{17}{2}\text{m}$

$= 8\frac{1}{2}\text{ m}$

$A = \frac{11}{4}\text{ m} \cdot \frac{3}{2}\text{ m} = \frac{11 \cdot 3}{4 \cdot 2}\text{ m}^2 = \frac{33}{8}$ Quadratmeter

$= 4\frac{1}{8}$ Quadratmeter

= 4,125 Quadratmeter

Antwortsatz: Der Umfang des Rechtecks beträgt 8,5 Meter und der Flächeninhalt 4,125 Quadratmeter.

Übungsaufgaben

15. Übungsaufgabe
Im Schulgarten der benachbarten Grundschule hat jede der Klassenstufen 1 bis 4 jeweils fünf gleich große Beete zu betreuen.
Jedes Beet ist $1\frac{1}{2}$ Meter lang und $\frac{6}{10}$ Meter breit.
Wie viel Quadratmeter Beetfläche sind das für jede Klassenstufe?

16. Übungsaufgabe
Ein rechteckiger Park ist $1\frac{1}{2}$ Kilometer lang und $\frac{3}{4}$ Kilometer breit.
Wie groß ist die Fläche in Hektar (1 Hektar = $\frac{1}{100}$ km^2)?

17. Übungsaufgabe
Ein rechteckiges Stück Bauland im Stadtzentrum ist $33\frac{1}{2}$ Meter breit und doppelt so lang.
Ein Quadratmeter kostet in dieser Stadtlage $70\frac{1}{2}$ Euro.
Wie viel Euro ist dieses Gelände wert?

18. Übungsaufgabe
Ein Quader hat eine Oberfläche, die aus sechs Rechteckflächen besteht. Davon sind je zwei gegenüberliegende Flächen gleich groß.
Die Maße sind $2\frac{1}{2}$ Zentimeter, $7\frac{3}{4}$ Zentimeter und 10 Zentimeter.
Berechne den Oberflächeninhalt des Quaders.

19. Übungsaufgabe
a) Berechne den Rauminhalt eines Würfels mit einer Seitenlänge von $\frac{1}{4}$ Meter.
b) Wie viel Liter (1 Liter = 1 Kubikdezimeter) Wasser könnte man in diesen Behälter füllen? Runde auf volle Liter.

20. Übungsaufgabe
a) Ein Kubikzentimeter Silber wiegt $10\frac{1}{2}$ Gramm, ein Kubikzentimeter Platin etwa doppelt so viel.
Wie schwer sind $3\frac{3}{4}$ Kubikzentimeter Platin und wie schwer sind 2 Kubikzentimeter Silber?
b) Ein Liter Benzin wiegt $\frac{3}{4}$ Kilogramm.
Im Tank sind noch $11\frac{1}{2}$ Liter Benzin.
Wie schwer ist diese Menge Benzin?

Dividieren von Brüchen

4. Musteraufgabe

a) Wie oft kann man ein $\frac{1}{8}$-Liter-Glas aus einer Flasche, die $\frac{3}{4}$ Liter Saft enthält, füllen?

Lösung

Wir überlegen: $\frac{3}{4}$ – mit 2 erweitert – ist gleich $\frac{6}{8}$.

Rechnung:

$$\frac{6}{8} : \frac{1}{8}$$
$$= \frac{6 : 1}{8 : 8}$$
$$= \frac{6}{1} = 6$$

Antwortsatz:

Demnach ist $\frac{1}{8}$ Liter 6-mal in $\frac{3}{4}$ Liter enthalten.

b) $2\frac{1}{2}$ Liter Most sollen in Gläser mit einem Fassungsvermögen von $\frac{1}{3}$ Liter gefüllt werden.

Wie viel volle Gläser ergibt das?

Lösung

Rechnung:

$$2\frac{1}{2} : \frac{1}{3}$$
$$= \frac{5}{2} : \frac{1}{3}$$
$$= \frac{15}{6} : \frac{2}{6}$$
$$= \frac{15 : 2}{6 : 6}$$
$$= 7\frac{1}{2}$$

Das heißt: 7 Gläser werden vollständig gefüllt und eins zur Hälfte.

Kann das stimmen? Probe: $\frac{15}{2} \cdot \frac{1}{3}$

$$= \frac{15}{6}$$
$$= \frac{5}{2}$$
$$= 2\frac{1}{2}$$ Stimmt.

Oder: $\frac{5}{2} \cdot \frac{3}{1}$

$$= \frac{5 \cdot 3}{2 \cdot 1} = \frac{15}{2}$$

Gleiches Ergebnis.

Statt zu dividieren, wird der erste Bruch mit dem Kehrwert des zweiten Bruches multipliziert.

Antwortsatz: Es ergibt 7 volle Gläser.

Übungsaufgaben

21. Übungsaufgabe

Der Flächeninhalt eines Rechteckes beträgt 13 $\frac{3}{4}$ Quadratzentimeter.
Die kürzere Seite ist 2 $\frac{1}{2}$ Zentimeter lang.
Berechne den Umfang u dieses Rechteckes.

22. Übungsaufgabe

7 $\frac{1}{2}$ Liter Benzin wiegen 5 $\frac{5}{8}$ Kilogramm.
Wie schwer ist ein Liter Benzin?

23. Übungsaufgabe

Ein Pkw legt in 2 $\frac{3}{4}$ Stunden auf der Autobahn 308 Kilometer zurück.
Berechne seine Durchschnittsgeschwindigkeit in Kilometer pro Stunde.

24. Übungsaufgabe

Ein Lkw hat 5 $\frac{1}{2}$ Kubikmeter Sand geladen. Diese Menge wiegt 13 $\frac{2}{5}$ Tonnen.
Wie viel wiegt ein Kubikmeter Sand?

25. Übungsaufgabe

Durch Eintauchen in ein Messgefäß stellt Anja das Volumen eines geschmolzenen Bleiklumpens mit 4 $\frac{1}{2}$ Kubikzentimeter fest.
Sie wiegt diesen Klumpen und ermittelt 50 Gramm.
Wie viel wiegt 1 Kubikzentimeter Blei?

26. Übungsaufgabe

Bob hat für seine Geburtstagsgäste unter anderem einen großen Krug mit Fruchtsaft gefüllt. Es sind 2 $\frac{1}{2}$ Liter.
Wie viele Gläser Fruchtsaft zu $\frac{1}{4}$ Liter lassen sich daraus füllen?

27. Übungsaufgabe

Im Serumwerk werden aus 10 $\frac{1}{2}$ Liter Serum Ampullen zu 2 $\frac{1}{2}$ Milliliter (1 Milliliter = 1 Kubikzentimeter) durch einen Automaten gefüllt.
Wie viel Ampullen ergibt das?

28. Übungsaufgabe

Kannst du die Aufgabe im Kopf lösen? $(1 : \frac{1}{2}) : \frac{1}{4} = ?$

Verbinden der Grundrechenarten

5. Musteraufgabe

a) Frau Fleißig gewinnt aus den gepflückten Himbeeren $3\frac{1}{3}$ Liter und aus den geernteten Johannisbeeren die doppelte Menge Saft.
Wie viel Liter Saft sind das ingesamt?

b) Gartennachbar Hübner presst aus seinen Himbeeren und Johannisbeeren die $2\frac{1}{2}$-fache Menge an Saft wie Frau Fleißig.
Wie viel Liter Saft gewinnt Herr Hübner aus seinen Beeren?

Lösungen

a) Rechnung:

$3\frac{1}{3} + 3\frac{1}{3} \cdot 2 = \frac{10}{3} + \frac{10}{3} \cdot 2$

$= \frac{10}{3} + \frac{20}{3}$

$= \frac{30}{3}$

$= 10$

Antwortsatz: Frau Fleißig erhält aus ihren Beeren 10 Liter Saft.

b) Rechnung:

$(3\frac{1}{3} + 2 \cdot 3\frac{1}{3}) \cdot 2\frac{1}{2}$

$= 10 \cdot 2\frac{1}{2}$

$= 10 \cdot \frac{5}{2}$

$= \frac{50}{2}$

$= 25$

Kurzform:

$10 \cdot 2\frac{1}{2}$

$= \frac{10}{1} \cdot \frac{5}{2}$

$= \frac{50}{2}$

Antwortsatz: Nachbar Hübner gewinnt aus seinen gepflückten Beeren 25 Liter Saft.

Übungsaufgaben

21. Übungsaufgabe

Der Flächeninhalt eines Rechteckes beträgt $13\frac{3}{4}$ Quadratzentimeter.
Die kürzere Seite ist $2\frac{1}{2}$ Zentimeter lang.
Berechne den Umfang u dieses Rechteckes.

22. Übungsaufgabe

$7\frac{1}{2}$ Liter Benzin wiegen $5\frac{5}{8}$ Kilogramm.
Wie schwer ist ein Liter Benzin?

23. Übungsaufgabe

Ein Pkw legt in $2\frac{3}{4}$ Stunden auf der Autobahn 308 Kilometer zurück.
Berechne seine Durchschnittsgeschwindigkeit in Kilometer pro Stunde.

24. Übungsaufgabe

Ein Lkw hat $5\frac{1}{2}$ Kubikmeter Sand geladen. Diese Menge wiegt $13\frac{2}{5}$ Tonnen.
Wie viel wiegt ein Kubikmeter Sand?

25. Übungsaufgabe

Durch Eintauchen in ein Messgefäß stellt Anja das Volumen eines geschmolzenen Bleiklumpens mit $4\frac{1}{2}$ Kubikzentimeter fest.
Sie wiegt diesen Klumpen und ermittelt 50 Gramm.
Wie viel wiegt 1 Kubikzentimeter Blei?

26. Übungsaufgabe

Bob hat für seine Geburtstagsgäste unter anderem einen großen Krug mit Fruchtsaft gefüllt. Es sind $2\frac{1}{2}$ Liter.
Wie viele Gläser Fruchtsaft zu $\frac{1}{4}$ Liter lassen sich daraus füllen?

27. Übungsaufgabe

Im Serumwerk werden aus $10\frac{1}{2}$ Liter Serum Ampullen zu $2\frac{1}{2}$ Milliliter (1 Milliliter = 1 Kubikzentimeter) durch einen Automaten gefüllt.
Wie viel Ampullen ergibt das?

28. Übungsaufgabe

Kannst du die Aufgabe im Kopf lösen? $(1 : \frac{1}{2}) : \frac{1}{4} = ?$

Verbinden der Grundrechenarten

5. Musteraufgabe

a) Frau Fleißig gewinnt aus den gepflückten Himbeeren $3\frac{1}{3}$ Liter und aus den geernteten Johannisbeeren die doppelte Menge Saft.
Wie viel Liter Saft sind das ingesamt?

b) Gartennachbar Hübner presst aus seinen Himbeeren und Johannisbeeren die $2\frac{1}{2}$-fache Menge an Saft wie Frau Fleißig.
Wie viel Liter Saft gewinnt Herr Hübner aus seinen Beeren?

Lösungen

a) Rechnung:

$$3\frac{1}{3} + 3\frac{1}{3} \cdot 2 = \frac{10}{3} + \frac{10}{3} \cdot 2$$
$$= \frac{10}{3} + \frac{20}{3}$$
$$= \frac{30}{3}$$
$$= 10$$

Antwortsatz: Frau Fleißig erhält aus ihren Beeren 10 Liter Saft.

b) Rechnung:

$$(3\frac{1}{3} + 2 \cdot 3\frac{1}{3}) \cdot 2\frac{1}{2}$$
$$= 10 \cdot 2\frac{1}{2}$$
$$= 10 \cdot \frac{5}{2}$$
$$= \frac{50}{2}$$
$$= 25$$

Kurzform:

$$10 \cdot 2\frac{1}{2}$$
$$= \frac{10}{1} \cdot \frac{5}{2}$$
$$= \frac{50}{2}$$

Antwortsatz: Nachbar Hübner gewinnt aus seinen gepflückten Beeren 25 Liter Saft.

Übungsaufgaben

29. Übungsaufgabe
Vergleiche miteinander und setze < oder = oder > richtig ein.

a) $\frac{3}{5}$ m + $\frac{3}{10}$ m · 2 $\qquad$ ($\frac{3}{5}$ m + $\frac{3}{10}$ m) · 2

b) 2 $\frac{1}{4}$ Liter – $\frac{3}{8}$ Liter : 2 $\qquad$ (2 $\frac{1}{4}$ Liter – $\frac{3}{8}$ Liter) : 2

30. Übungsaufgabe

a) Herr Dorn braucht für die erste Teilstrecke seiner Fahrt mit dem Pkw 2 $\frac{1}{3}$ Stunden. Für die zweite Teilstrecke benötigt er das Zweieinhalbfache an Zeit. Wie lange ist Herr Dorn unterwegs?

b) Frau Kern schafft die erste Teilstrecke der Fahrt mit ihrem Pkw zur Arbeitsstelle in einer $\frac{3}{4}$ Stunde und den zweiten Teil in 5 Minuten. Zurück benötigt sie das Anderthalbfache an Zeit. Wie viel Minuten braucht Frau Kern für die Rückfahrt?

31. Übungsaufgabe
Wie viel Kilogramm beträgt der Unterschied zwischen
2 $\frac{3}{4}$ Tonnen + $\frac{1}{4}$ Tonne · 4 und (2 $\frac{3}{4}$ Tonnen + $\frac{1}{4}$ Tonne) · 4?

32. Übungsaufgabe

a) Eine Pumpe fördert in 1 $\frac{1}{4}$ Stunden 3 $\frac{2}{3}$ Kubikmeter Wasser, eine zweite Pumpe in der gleichen Zeit die doppelte Menge. Ermittle für die angegebene Zeit die geförderte Gesamtmenge.

b) Ermittle die geförderte Gesamtmenge in der doppelten Zeit.

33. Übungsaufgabe
Für welche Zahlen stehen x und y?
Löse durch Überlegen.

a) $(\frac{3}{4} + 1\frac{1}{4}) \cdot x = 4$

b) $\frac{3}{4} + 1\frac{1}{4} \cdot y = 5\frac{3}{4}$

34. Übungsaufgabe

a) Bei einem Rechteck ist die eine Seite 3 $\frac{3}{4}$ Meter lang und die andere Seite 3-mal so lang.
Berechne den Umfang.

b) Bei einem anderen Rechteck mit ursprünglichen Seitenlängen von 4 $\frac{1}{2}$ und 7 $\frac{2}{5}$ Zentimeter werden beide Seitenlängen verdreifacht.
Berechne den Umfang.

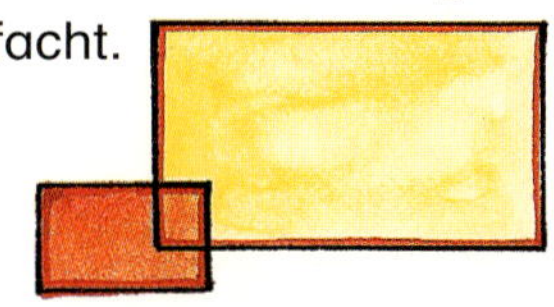

Umrechnen gemeiner Brüche in Dezimalbrüche und umgekehrt

6. Musteraufgabe

a) Toralfs Vater erzählt, dass er bei seiner Arbeit am Drehautomat auf 5 Tausendstel Millimeter genau arbeiten muss und fragt Toralf, ob er weiß, welchen Durchmesser ein Rundstahl haben darf, wenn vorgegeben ist: d = 42,5 Millimeter?

Lösung

$\frac{1}{10}$ Millimeter = 0,1 Millimeter

$\frac{1}{100}$ Millimeter = 0,01 Millimeter

$\frac{1}{1000}$ Millimeter = 0,001 Millimeter

damit: $\frac{5}{1000}$ Millimeter = 0,005 Millimeter

und 42,500 mm + 0,005 mm bzw. 42,500 mm – 0,005 mm

Antwortsatz: Der Rundstahl darf höchstens einen Durchmesser von 42,505 mm und muss mindestens einen Durchmesser von 42,495 mm haben.

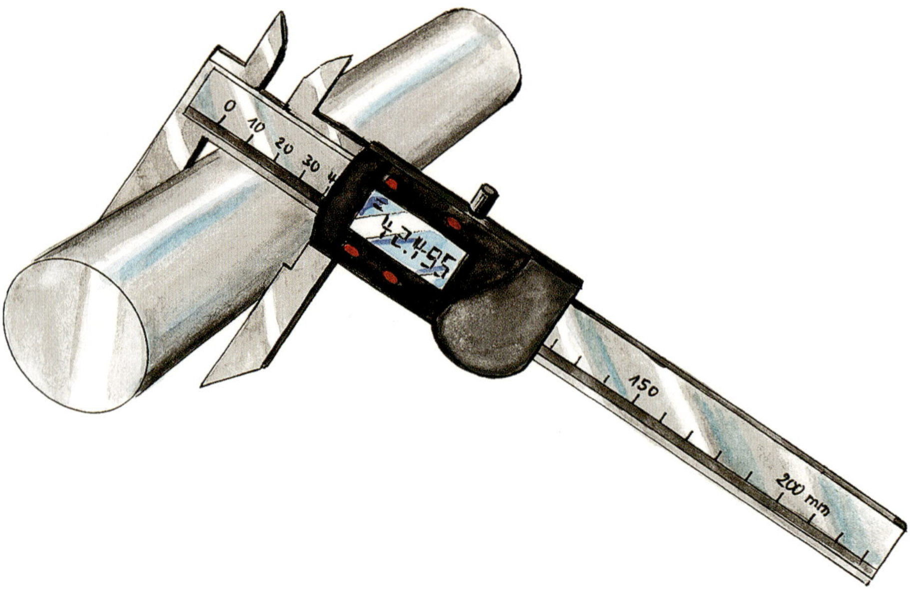

b) Bei der Gelegenheit will Toralfs Vater von seinem Jungen auch wissen, was er sich unter 0,3 Stunden vorzustellen hat.

Lösung $0{,}3 = \frac{3}{10}$ 1 Stunde ⇔ 60 Minuten

$0{,}1 = \frac{1}{10}$ $\frac{1}{10}$ Stunde ⇔ 60 Minuten : 10

$\frac{3}{10}$ Stunden ⇔ 6 · 3 Minuten

= 18 Minuten

Antwortsatz: 0,3 Stunden entsprechen 18 Minuten.

Übungsaufgaben

35. Übungsaufgabe

Frau Gebler kauft beim Fleischer $\frac{1}{2}$ Kilogramm Rindfleisch, $\frac{1}{4}$ Kilogramm Hackfleisch, 3 Bockwürste zu je 100 Gramm und $1\frac{1}{2}$ Kilogramm Bratwürste für den Grillabend.
Wie viel Kilogramm Fleisch- und Wurstwaren kauft Frau Gebler insgesamt?

36. Übungsaufgabe

Für das Klassenfest kauft Dirk 12 Flaschen Cola zu je $1\frac{1}{2}$ Liter, 5 Flaschen Apfelsaft zu je $\frac{7}{10}$ Liter, 7 Flaschen Kirschsaft zu je $\frac{3}{4}$ Liter und 4 Flaschen Bitterlemon zu $\frac{1}{5}$ Liter.
Gib die Gesamtmenge in Liter als Dezimalzahl an.

37. Übungsaufgabe

Zum Schulsportfest wurde auch ein Mini-Triathlon ausgetragen.
In Klammern sind die Zeiten des Erstplatzierten angegeben:
500 Meter Schwimmen (8,7 Minuten); 5 km Radfahren (12,8 Minuten) und 1 Kilometer Langlauf (14,5 Minuten).
Gib die Gesamtzeit des Gewinners in Stunden (Dezimalschreibweise) an.

38. Übungsaufgabe

Anfang des vergangenen Jahrhunderts gab es in Deutschland die folgende Währung: 1 Thaler = 30 Neugroschen und 1 Neugroschen = 10 Pfennig.
Gib die folgenden Beträge in Neugroschen an (Dezimalschreibweise).

a) $1\frac{1}{2}$ Thaler
b) 45 Pfennig
c) $\frac{1}{3}$ Thaler
d) $\frac{1}{4}$ Thaler

39. Übungsaufgabe

Die Bauernfamilie Herter verkauft nach und nach von ihren insgesamt 34,9 ha landwirtschaftlicher Nutzfläche folgende Teile:
Im ersten Jahr $17\frac{3}{4}$ Hektar, im zweiten Jahr 8,5 Hektar und im dritten Jahr $6\frac{3}{5}$ Hektar.
Wie viel Hektar behält Familie Herter?

40. Übungsaufgabe

Gib in dezimaler Schreibweise an:

a) 42 Minuten in Stunden,
b) 96 Sekunden in Minuten,
c) 132 Sekunden in Minuten.

Addieren und Subtrahieren von Dezimalbrüchen

7. Musteraufgabe

a) Von einem Zementsilo beim Baustoff-Großhandel, in dem noch 75,8 Tonnen Zement lagern, holt sich ein Baubetrieb zunächst 6,35 Tonnen und danach noch einmal 8,2 Tonnen Zement ab.
Wie viel Tonnen Zement verbleiben im Silo?

Lösung

(1)		(2)	
	6,35 Tonnen		75,80 Tonnen
+	8,20 Tonnen	–	14,55 Tonnen
	14,55 Tonnen		61,25 Tonnen

Antwortsatz: Im Silo verbleiben noch 61,25 Tonnen Zement.

b) Von der zweiten Fuhre bringt der Lkw auf zwei kleinere Baustellen Mengen von je 2,75 Tonnen und den Rest auf eine dritte Baustelle.
Welche Menge Zement verbleibt für die 3. Baustelle?

Lösung

	8,20 Tonnen
–	2,75 Tonnen
–	2,75 Tonnen
	2,70 Tonnen

Antwortsatz: Die dritte Baustelle erhält 2,7 Tonnen Zement.

Übungsaufgaben

41. Übungsaufgabe
Ein dreieckiges Stück Damwildgehege soll durch einen Maschendrahtzaun eingegrenzt werden.
Die Seiten sind 0,85 Kilometer, 1,2 Kilometer und 0,775 Kilometer lang.
Wie viel Kilometer Zaun sind mindestens nötig?

42. Übungsaufgabe
Im Labor werden in einem Gefäß 5,550 Gramm einer sehr gefährlichen Substanz aufbewahrt und über die Entnahme zu Versuchszwecken wird genau Buch geführt.
Hier die letzten vier Eintragungen:
Montag 0,4 Gramm, Mittwoch 25 Milligramm, Donnerstag 0,035 Gramm, Freitag 122 Milligramm.

a) Wie viel Gramm wurden in dieser Woche insgesamt entnommen?
b) Wie viel Gramm der Substanz müssen noch im Gefäß sein?

43. Übungsaufgabe
Ein Gartenmarkt bekommt Grassamen in Packungen zu fünf Kilogramm.
Nacheinander werden aus einer Packung an sechs Einzelkunden folgende Mengen verkauft: 0,65 Kilogramm, 0,2 Kilogramm, 55 Gramm, 1,2 Kilogramm, 125 Gramm, 0,455 Kilogramm.

a) Wie viel Kilogramm Grassamen wurden insgesamt verkauft.
b) Wie viel Gramm sind noch in der Packung?

44. Übungsaufgabe
Janosch plant für seine Klasse den Hindernislauf sehr genau.
Die erste Teilstrecke führt 1,24 Kilometer durch ebenes Gelände.
Das zweite Teilstück geht 0,88 Kilometer bergan und dann 425 Meter bergab.
Die dritte Etappe verläuft 1,34 Kilometer durch den Wald.
Der Lauf endet, wenn 5 Kilometer zurückgelegt sind.
Wie lang (in Kilometern) ist die letzte Teilstrecke?

45. Übungsaufgabe
Heidi ist 0,15 Meter kleiner als Sandra, die wiederum 0,02 Meter kleiner ist als Dora. Dora schließlich ist 4 Zentimeter kleiner als Tina.
Tina ist 1,75 m groß.
Wie groß sind die anderen drei Mädchen?

Multiplizieren von Dezimalbrüchen

8. Musteraufgabe
Ein Rechteck ist dreimal so lang wie breit. Die Breite beträgt 3,2 cm.
Berechne den Umfang u und den Flächeninhalt A dieses Rechtecks.

Lösungen

b = 3,2 cm

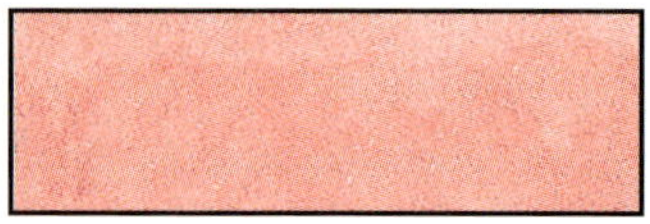

l = ?

1. Rechnung:
$l = 3 \cdot b$
$l = 3 \cdot 3{,}2\ \text{cm}$
$= 3{,}2\ \text{cm} + 3{,}2\ \text{cm} + 3{,}2\ \text{cm}$
$= 9{,}6\ \text{cm}$

2. Rechnung:
$u = 2 \cdot l + 2 \cdot b$
$u = 2 \cdot 9{,}6\ \text{cm} + 2 \cdot 3{,}2\ \text{cm}$
$= 19{,}2\ \text{cm} + 6{,}4\ \text{cm}$
$= 25{,}6\ \text{cm}$

3. Rechnung:
$A = l \cdot b$
$A = 9{,}6\ \text{cm} \cdot 3{,}2\ \text{cm}$
$= 30{,}72\ \text{cm}^2$

Überschlag: $10\ \text{cm} \cdot 3\ \text{cm} = 30\ \text{cm}^2$

Nebenrechnung:

```
96 · 32
 288
  192
 ----
 3072
```

Antwortsatz: Der Umfang u beträgt 25,6 Zentimeter und der Flächeninhalt A beträgt 30,72 Quadratzentimeter.

> Dezimalbrüche multipliziert man,
> indem man (1) zunächst das Komma bei den beiden Faktoren weglässt,
> (2) wie mit natürlichen Zahlen multipliziert und
> (3) im Produkt so viel Kommastellen angibt, wie beide Faktoren gemeinsam haben.

Übungsaufgaben

46. Übungsaufgabe

Ein rechteckiges Grundstück ist 65,4 Meter lang und 23,8 Meter breit.

a) Berechne den Flächeninhalt dieses Rechteckes.

b) Das Grundstück soll durch einen Drahtzaun begrenzt werden.
Pro Meter rechnet man mit 12,56 Euro.
Gib den Gesamtpreis an (runde sinnvoll).

47. Übungsaufgabe

Frau Baumann kauft beim Fleischer $\frac{1}{4}$ Kilogramm Blutwurst zu 0,78 Euro/100 g, 350 Gramm Aufschnitt zu 1,22 Euro/100 Gramm und 0,2 Kilogramm Schinkenspeck zu 0,98 Euro/100 Gramm.

Was hat Frau Baumann insgesamt zu bezahlen?

48. Übungsaufgabe

Ein Grundstück in Form eines rechtwinkligen Dreiecks mit folgenden Seitenlängen (siehe Skizze) soll zu einem Quadratmeterpreis von 4,55 Euro verkauft werden. Berechne den Gesamtpreis.

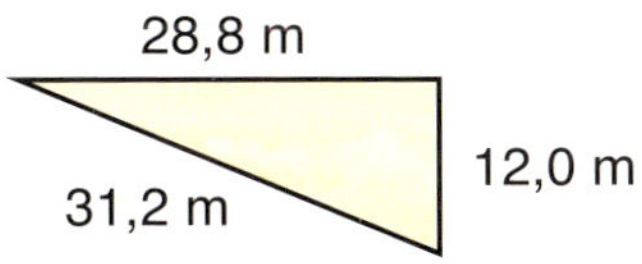

49. Übungsaufgabe

Die Schreibwarenabteilung des Kaufhauses erhält eine Lieferung von
240 Packungen Kopierpapier zum Einkaufspreis von 2,40 Euro je Packung,
120 A4-Hefte zum Einkaufspreis von 1,20 Euro je Heft und
1200 A5-Briefumschläge zu 0,15 Euro/Stück.

a) Berechne den Gesamt-Einkaufspreis.

b) Um den Verkaufspreis zu ermitteln, werden die Einkaufspreise nacheinander mit den Faktoren 1,2 (Betriebskosten); 1,2 (Gewinn) und 1,19 (Mehrwertsteuer) multipliziert.
Wie viel kosten dann 25 Umschläge im Verkauf?

Dividieren von Dezimalbrüchen

9. Musteraufgabe

a) Der Flächeninhalt von Jennys Kinderzimmer beträgt 13,65 Quadratmeter.
Wie lang ist das Zimmer, wenn es 3 m breit ist?

b) Das Wohnzimmer hat einen Flächeninhalt von 25,2 Quadratmeter und ist 5,25 Meter breit.
Wie lang ist das Wohnzimmer?

Lösungen

a) Überschlag: $15\ m^2 : 3\ m = 5\ m$

Rechnung:

```
  13,65 : 3 = 4,55
- 12
   16
 - 15
    15
  - 15
     0
```

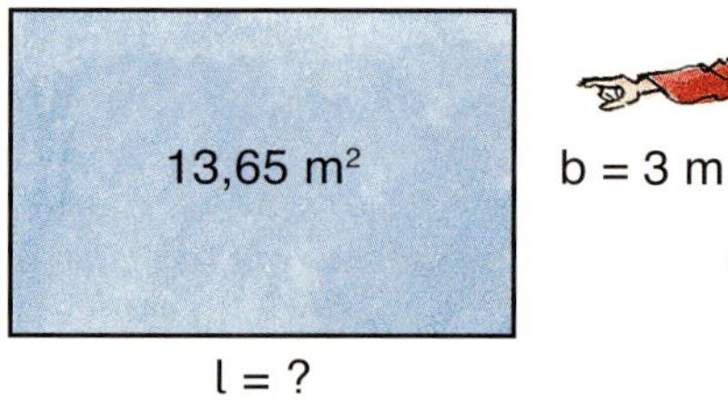

Antwortsatz: Das Zimmer hat eine Länge von 4,55 Meter.

b) Überschlag: $25\ m^2 : 5\ m = 5\ m$

Rechnung:

25,2 : 5,25

```
  2 520 : 525 = 4,8
- 2 100
  4 200
- 4 200
      0
```

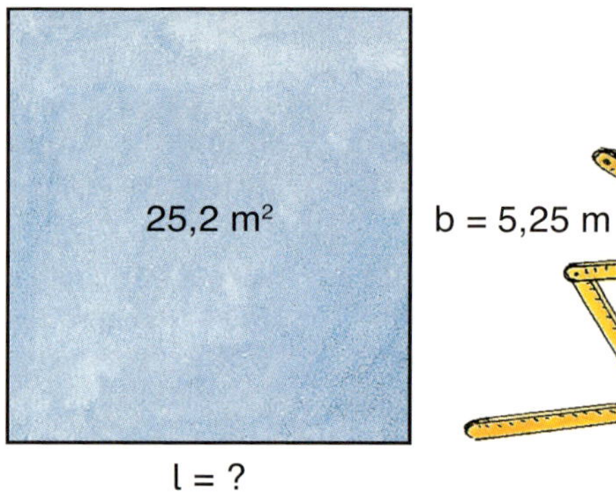

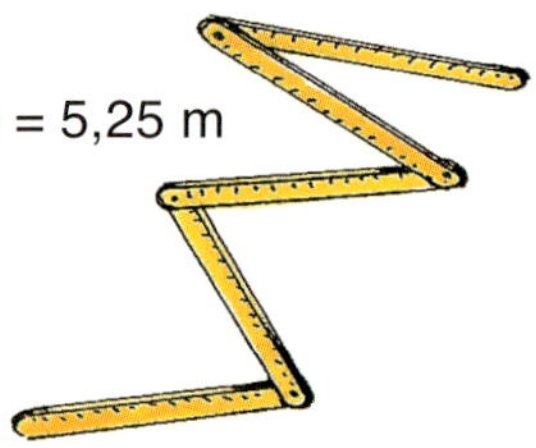

Antwortsatz: Das Wohnzimmer ist 4,80 Meter lang.

Dezimalbrüche werden dividiert, indem man

(1) den Divisor in eine natürliche Zahl umwandelt.
(2) Dazu wird das Komma um die entsprechende Stellenzahl nach rechts gerückt.
(3) Der Dividend wird in gleicher Weise durch Kommaverschiebung um die gleiche Stellenzahl verändert.

Übungsaufgaben

50. Übungsaufgabe

Peer liest von 8 Uhr an alle drei Stunden die Temperatur am Außenthermometer ab.
8 Uhr: 13,5°; 11 Uhr: 22,3°; 14 Uhr: 24,6°; 17 Uhr: 21,0° und 20 Uhr: 17,9°
(alle Angaben in Grad Celsius).
Berechne den Mittelwert der Temperatur für diesen Tag.

51. Übungsaufgabe

10,5 Milliliter (1 ml = 1 cm^3) Quecksilber wiegen 141,75 Gramm.
Wie viel wiegt 1 Milliliter Quecksilber?

52. Übungsaufgabe

250 Gramm Räucherschinken kosten 6,20 Euro.

a) Wie hoch ist der Preis für 100 Gramm Räucherschinken?
b) Wie viel kosten dann 150 Gramm davon?

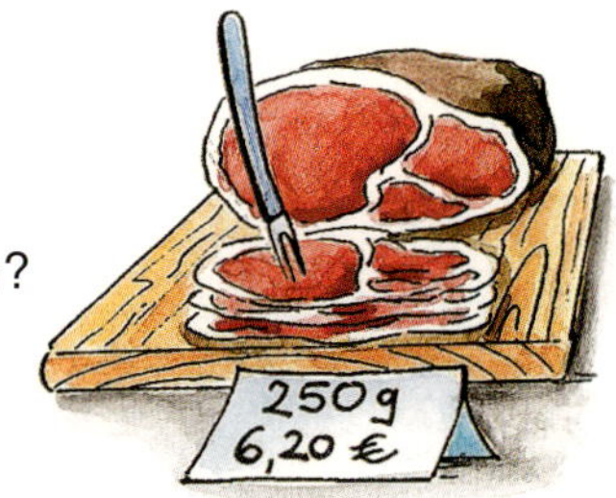

53. Übungsaufgabe

7,5 Liter Benzin wiegen 5,625 Kilogramm.
Wie viel wiegt ein Kanister mit 4,5 Liter, wenn der leere Kanister 800 Gramm schwer ist?

54. Übungsaufgabe

Ein Mann erhält für ein goldenes Schmuckstück, das er dringend verkaufen muss und das 6,65 Unzen Feingold enthält, 4 056,50 €.
Welchen Wert hat eine Unze Feingold?

55. Übungsaufgabe

Der Agrarbetrieb hat auf 5,6 Hektar 1372 Dezitonnen (1 dt = 100 kg) Kartoffeln geerntet.
Berechne den durchschnittlichen Ertrag für einen Hektar.

56. Übungsaufgabe

Landwirt Schramm hat im Vorjahr auf 1,2 Hektar 51 Dezitonnen Gerste geerntet und in diesem Jahr auf 1,5 Hektar 60,6 Dezitonnen.
In welchem Jahr war der Durchschnittsertrag höher?

57. Übungsaufgabe

In einem Klassenraum mit einer Grundfläche von 42 m^2 und 3 m Höhe wiegt die Luft 163,8 Kilogramm.
Wie viel wiegt demnach ein Kubikmeter Luft?

Rechenvorteile beim Rechnen mit Dezimalbrüchen

10. Musteraufgabe

a) Bernd braucht zum Einpacken von kleinen Geschenken zur Weihnachtsfeier seiner Klasse 25 Bindfadenstücke zu je 0,48 Meter Länge.
Welche Gesamtlänge des Bindfadens ist erforderlich?

b) Das Geld für die Geschenke wird aus der Klassenkasse genommen.
Für 25 Schüler stehen insgesamt 90 Euro zur Verfügung.
Bernd berechnet, wie teuer jedes Geschenk im Durchschnitt ist.

a) **Lösung**
Überschlag: $0{,}5 \cdot 25 = 12{,}5$
Rechnung:
$(0{,}48 \cdot 100) : 4$
$= 48 : 4 = 12$

> **Rechenvorteil:**
> Statt mit 25 zu multiplizieren, wird mit 100 multipliziert (Komma zwei Stellen nach rechts) – und durch 4 dividiert.

Antwortsatz: Bernd benötigt mindestens 12 Meter Bindfaden.

b) **Lösung**
Überschlag: $90 : 30 = 3$
Rechnung: $90 : 25$
$= (90 : 100) \cdot 4$
$= 0{,}90 \cdot 4$
$= 3{,}60$

> **Rechenvorteil:**
> Statt durch 25 zu dividieren, wird durch 100 dividiert und das Ergebnis mit 4 multipliziert.

Antwortsatz: Für jedes Geschenk stehen durchschnittlich 3,60 € zur Verfügung.

Übungsaufgaben

58. Übungsaufgabe
Der Pkw von Herrn Born verbraucht durchschnittlich 7,2 Liter Kraftstoff auf 100 Kilometer.

a) Wie viel Liter sind das auf einer Strecke von 10 Kilometer?
b) Wie viel Liter sind das auf einer Strecke von 1 Kilometer?
c) Wie viel Liter sind das auf einer Strecke von 1000 Kilometer?

59. Übungsaufgabe
Ein Mähdrescher schafft in einer Stunde durchschnittlich 0,32 Hektar Getreidefläche.

a) Wie viel Hektar sind das in 2,5 Stunden?
b) Wie viel Hektar sind das in einer Arbeitsschicht von 7,5 Stunden?

60. Übungsaufgabe
Die durchschnittlichen Einnahmen eines Kinderkarussells auf dem Jahrmarkt betragen pro Fahrt 10,20 Euro.
Wie viel Euro sind das durchschnittlich bei

a) 10 Fahrten,
b) 25 Fahrten,
c) 100 Fahrten,
d) 250 Fahrten?

61. Übungsaufgabe
Ein Meter Blusenstoff kostet 12,80 Euro.
Wie viel kosten 2,5 Meter dieses Stoffes?

62. Übungsaufgabe
2,5 Kubikmeter Kies wiegen 6 Tonnen.
Wie viel Tonnen wiegt 1 Kubikmeter Kies?

63. Übungsaufgabe
$\frac{1}{2}$ Hektoliter eines Reinigungsmittels kostet ab Großhandel 354,80 Euro.

a) Wie viel kosten 10 Liter?
b) Wie viel kosten 0,25 Liter im Einzelhandel, wenn der Abgabepreis das 1,25-fache des Einkaufpreises beträgt?

64. Übungsaufgabe
Ein rechteckiges Blumenbeet in einem Park ist 0,4 Meter breit und 25 Meter lang.

a) Welchen Flächeninhalt hat das Beet?
b) Pro Quadratmeter wurden 8 Rosenstöcke gepflanzt.
   Wie viel Rosenstöcke wurden gebraucht?

Textaufgaben zum Addieren und Subtrahieren von Brüchen (1)

11. Musteraufgabe

Gegeben sind die beiden Brüche $\frac{3}{4}$ und $1\frac{2}{3}$.

Berechne die Summe und die Differenz beider Brüche.

Lösungen

a) Berechnen der Summe:

$\frac{3}{4} + 1\frac{2}{3}$

$= \frac{3 \cdot 3 + 5 \cdot 4}{12}$

$= \frac{(9 + 20)}{12}$

$= \frac{29}{12}$

$= 2\frac{5}{12}$

Antwortsatz: Die Summe beträgt $2\frac{5}{12}$.

b) Berechnen der Differenz:

1. Rechnung: $\frac{3}{4} - 1\frac{2}{3}$ ist nicht lösbar, denn $\frac{3}{4} < \frac{5}{3}$

2. Rechnung:

$1\frac{2}{3} - \frac{3}{4}$

$= \frac{5}{3} - \frac{3}{4}$

$= \frac{20}{12} - \frac{9}{12}$

$= \frac{11}{12}$

Antwortsatz: Die Differenz beträgt $\frac{11}{12}$.

Veranschaulichung der Subtraktion am Zahlenstrahl:

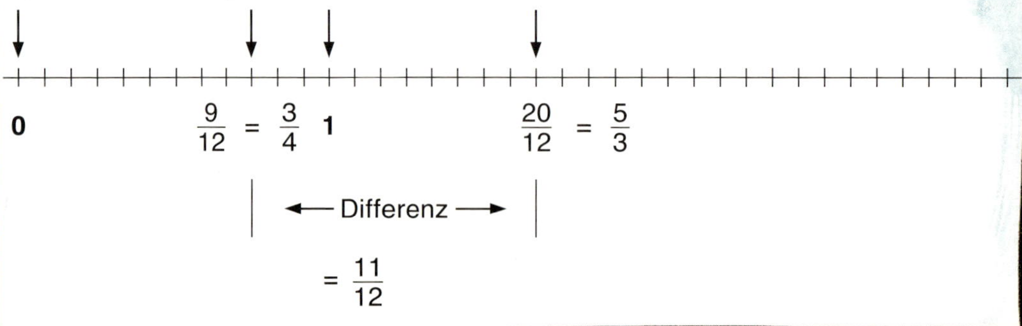

Übungsaufgaben

65. Übungsaufgabe

a) Berechne die Summe von $\frac{4}{5}$ und $1\frac{1}{2}$.

b) Berechne die Differenz dieser beiden Brüche.

66. Übungsaufgabe

a) Zu $\frac{4}{5}$ ist 0,1 zu addieren.

b) Wie groß ist die Differenz beider Zahlen?

67. Übungsaufgabe

Der Minuend heißt $3\frac{3}{4}$ und der Subtrahend $1\frac{1}{5}$.
Ermittle die Differenz.

68. Übungsaufgabe

Gegeben sind die drei Brüche $\frac{1}{2}$, $1\frac{3}{8}$ und 0,8.

a) Berechne die Summe dieser drei Zahlen.

b) Ermittle die Differenz zwischen der größten und der kleinsten dieser drei Zahlen.

69. Übungsaufgabe

a) Ordne die vier Brüche der Größe nach: $\frac{4}{15}$ und 0,15 und $\frac{5}{3}$ und 1,2.
Beginne mit dem kleinsten Bruch.

b) Berechne die Summe der drei kleineren Brüche.

c) Ermittle die Differenz zwischen dem kleinsten und dem größten der vier Brüche.

70. Übungsaufgabe

a) Ordne die vier Brüche der Größe nach: 2,27 und 2,72 und $\frac{14}{5}$ und $\frac{15}{5}$.
Beginne mit dem größten Bruch.

b) Berechne die Summe aller vier Brüche.

c) Berechne die Differenz zwischen dem zweiten und dem dritten Bruch und gib das Ergebnis als gemeinen Bruch an.

Textaufgaben zum Addieren und Subtrahieren von Brüchen (2)

12. Musteraufgabe

a) Gesucht ist der dritte Summand zu $\frac{2}{15}$ und 0,55 so, dass deren Summe 1 ergibt.

Lösung

Rechnung:

$1 - \frac{2}{15} - \frac{11}{20}$

$= \frac{60 - 8 - 33}{60}$

$= \frac{19}{60}$

Antwortsatz: Der 3. Summand ist $\frac{19}{60}$.

b) Von der Summe aus 1,4 und $\frac{13}{40}$ wird ein Bruch subtrahiert, der drei Hundertstel größer ist als der erste Summand.
Ermittle das Ergebnis.

Lösung

Rechnung:

$\frac{14}{10} + \frac{13}{40} - \frac{143}{100}$

$= \frac{(280 + 65 - 286)}{200}$

$= \frac{59}{200}$

Antwortsatz: Das Ergebnis ist $\frac{59}{200} = 0{,}295$.

Übungsaufgaben

71. Übungsaufgabe
Zu $\frac{2}{3}$ soll ein Bruch addiert werden, der $\frac{1}{6}$ größer ist als der erste Summand. Berechne die Summe.

72. Übungsaufgabe
Von $\frac{2}{3}$ soll ein Bruch subtrahiert werden, der ein Zehntel kleiner ist als 0,5. Berechne die Differenz.

73. Übungsaufgabe
Ergänze die Summe von $1\frac{5}{8}$ und 0,65 bis zur nächsten natürlichen Zahl.

74. Übungsaufgabe
Vermindere die Differenz von 2,75 und $\frac{7}{20}$ so, dass das Ergebnis 1,5 ist.

75. Übungsaufgabe
Addiere zu $1\frac{7}{8}$ zwei gleich große Zahlen, damit die Summe 2 ergibt.

76. Übungsaufgabe
Subtrahiere von $3\frac{1}{3}$ zwei gleich große Zahlen, damit die Differenz 2 ergibt.

77. Übungsaufgabe
Man soll zur Summe von 2,5 und $1\frac{1}{4}$ eine Zahl hinzufügen, die doppelt so groß ist wie der zweite Summand.
Gib diese Summe an.

78. Übungsaufgabe
Subtrahiere von 1 nacheinander die Zahlen 0,5, dann 0,25 und 0,125.

Textaufgaben zum Multiplizieren und Dividieren von Brüchen (1)

13. Musteraufgabe
Gegeben sind die beiden Brüche $1\frac{1}{5}$ und 0,8.
Berechne das Produkt und die Quotienten beider Zahlen.

Lösungen
1. Rechnung: $1\frac{1}{5} \cdot 0{,}8 = 0{,}8 \cdot 1\frac{1}{5}$ oder $1{,}2 \cdot 0{,}8 = 0{,}8 \cdot 1{,}2$

$$\frac{6}{5} \cdot \frac{8}{10} = \frac{8}{\cancel{10}_5} \cdot \frac{\cancel{6}^3}{5}$$

$$= \frac{24}{25}$$

Nebenrechnung:
$12 \cdot 8 = 96$

$$= \frac{96}{100}$$
$$= 0{,}96$$

Antwortsatz: Das Produkt ist 0,96.

2. Rechnung: $1\frac{1}{5} : 0{,}8$

$$= \frac{6}{5} : \frac{8}{10}$$

$$= \frac{\cancel{6}^3}{\cancel{5}_1} \cdot \frac{\cancel{10}^2}{\cancel{8}_4}$$

$$= \frac{6}{4}$$
$$= \frac{3}{2}$$
$$= 1{,}5$$

oder $1{,}2 : 0{,}8$

$= 12 : 8$

$= 1{,}5$

Antwortsatz: Dieser Quotient ist 1,5.

dagegen: $0{,}8 : 1{,}2 = 8 : 12$

$$= \frac{8}{12}$$
$$= \frac{2}{3}$$
$$= 0{,}666 \ldots$$
$$= 0{,}\overline{6}$$
$$= \frac{2}{3}$$

Antwortsatz: Dieser Quotient ist $\frac{2}{3}$.

Übungsaufgaben

79. Übungsaufgabe
Zu ermitteln ist das Produkt der drei Zahlen $3\frac{1}{4}$ und 4,4 und $\frac{12}{13}$.

80. Übungsaufgabe
Dividiere $\frac{24}{25}$ durch $2\frac{2}{5}$.

81. Übungsaufgabe
Gegeben ist der Bruch $\frac{87}{100}$ und ein weiterer Bruch, der um drei Hundertstel größer ist als der gegebene.

a) Berechne das Produkt beider Brüche.
b) Teile den größeren der beiden Brüche durch den kleineren.

82. Übungsaufgabe
a) Ordne die Brüche 9,18 und 0,9 und 0,45 der Größe nach. Beginne mit dem kleinsten Bruch.
b) Multipliziere den größten Bruch mit dem mittleren Bruch.
c) Dividiere den kleinsten Bruch durch den größten Bruch.

83. Übungsaufgabe
Von drei Brüchen ist $\frac{21}{50}$ der größte. Die folgenden zwei sind jeweils gegenüber dem vorhergehenden Bruch um ein Hundertstel kleiner.

a) Schreibe die drei Brüche der Reihe nach auf. Beginne mit dem größten Bruch.
b) Dividiere den zweiten Bruch durch den letzten Bruch.
c) Multipliziere den ersten Bruch mit dem letzten Bruch.

84. Übungsaufgabe
Bilde die beiden Quotienten aus $3\frac{3}{5}$ und $5\frac{1}{3}$.

85. Übungsaufgabe
Zwei Brüche unterscheiden sich um 0,6. Der größere von beiden heißt $1\frac{2}{5}$.
Berechne deren Produkt.

Textaufgaben zum Multiplizieren und Dividieren von Brüchen (2)

14. Musteraufgabe

a) Das Produkt aus $\frac{3}{8}$ 0,4 und einem dritten Faktor x soll 1 ergeben.
Ermittle den dritten Faktor x.

Lösung

$$\frac{\overset{}{3}}{\cancel{8}_{2}} \cdot \frac{\cancel{4}^{1}}{10} \cdot x = 1$$

$$\frac{3}{20} \cdot x = 1$$

$$\frac{3}{20} \cdot \frac{20}{3} = \frac{60}{60} = 1$$

Kehrwert

Es gilt: $\frac{a}{b} \cdot \frac{b}{a} = \frac{ab}{ab} = 1$

D. h.: Wird eine Zahl mit ihrem Kehrwert multipliziert, so ist das Produkt 1.

Antwortsatz: $x = \frac{20}{3}$

b) Das Produkt aus $1\frac{1}{9}$ und einem zweiten Faktor x soll $\frac{7}{10}$ ergeben.
Ermittle den zweiten Faktor x.

Lösung

$$\frac{10}{9} \cdot x = \frac{7}{10}$$

$$x = \frac{7}{10} : \frac{10}{9}$$

$$x = \frac{7}{10} \cdot \frac{9}{10}$$

$$x = \frac{63}{100}$$

Antwortsatz: Der zweite Faktor, die Zahl x, ist $\frac{63}{100}$.

Die Division ist die Umkehrung zur Multiplikation.

Der Kehrwert von $\frac{10}{9}$ ist $\frac{9}{10}$!

Übungsaufgaben

86. Übungsaufgabe

Der erste Faktor eines Bruches ist $\frac{4}{3}$ und der zweite Faktor ist $\frac{3}{4}$.

a) Berechne das Produkt.
b) Teile den ersten Bruch durch den zweiten Bruch.

87. Übungsaufgabe

Der Quotient aus $1\frac{7}{8}$ und einem zweiten Bruch ist 1.

Wie heißt der zweite Bruch?

88. Übungsaufgabe

Berechne das Produkt aller echten Brüche mit dem Nenner 4.

89. Übungsaufgabe

Gegeben sind die beiden Brüche 0,7 und 1,4.

a) Berechne den Quotienten aus dem ersten Bruch durch den zweiten Bruch.
b) Verfahre nun umgekehrt und ermittle das Ergebnis.
c) Multipliziere beide Quotienten miteinander. Was stellst du fest?

90. Übungsaufgabe

Das Produkt aus 0,6 und einem zweiten Bruch ist 2.

a) Berechne den zweiten Faktor.
b) Ermittle beide Quotienten bei der Division des einen Bruchs durch den anderen Bruch.

91. Übungsaufgabe

Der erste Faktor eines Produktes ist $2\frac{3}{4}$, der zweite Faktor ist $1\frac{3}{8}$.

Der dritte Faktor ist unbekannt, das Produkt ist 1.

a) Berechne den dritten Faktor.
b) Berechne den Quotienten, wenn der Dividend der erste und der Divisor der zweite dieser Brüche ist.

92. Übungsaufgabe

Gegeben sind die beiden Zahlen 0,72 und 1,5.

a) Berechne den Quotienten von 0,72 : 1,5.
b) Verdopple beide Zahlen und berechne nun den Quotienten. Was stellst du fest?

Textaufgaben mit Brüchen – Verbinden der Grundrechenarten (1)

15. Musteraufgabe

a) Die Summe aus $3\frac{3}{4}$ und 1,05 ist zu bilden und um $\frac{7}{5}$ zu vermindern.
Berechne das Endergebnis.

Lösung
„Summe" bedeutet „addieren" (+): 3,75 + 1,05 = 4,8.

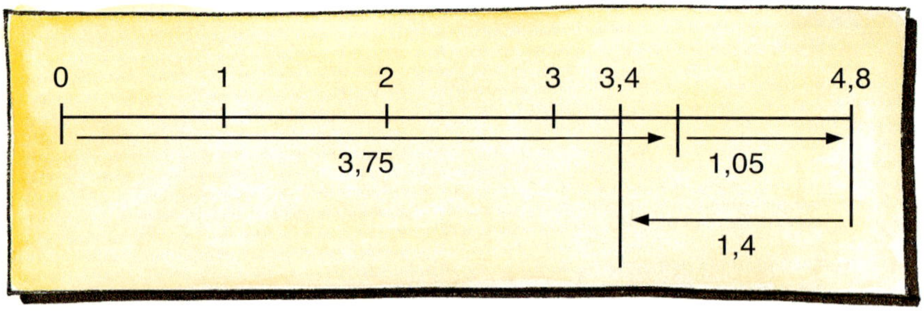

„Vermindern" bedeutet „subtrahieren". Es ist also eine „Differenz" zu berechnen.

Antwortsatz: Das Ergebnis ist 4,8 – 1,4 = 3,4.

b) Die Differenz aus $1\frac{1}{12}$ und $\frac{5}{6}$ ist um die Summe der beiden Zahlen zu vermehren.

Lösung

[–]	(+)	[+]	=	[Ergebnis]
Differenz	vermehren (addieren)	Summe		

$$\left(\frac{13}{12} - \frac{5}{6}\right) + \left(\frac{13}{12} + \frac{5}{6}\right) = \left(\frac{13}{12} - \frac{10}{12}\right) + \left(\frac{13}{12} + \frac{10}{12}\right)$$

$$= \frac{3}{12} + \frac{23}{12}$$

$$= \frac{26}{12}$$

$$= 2\frac{2}{12} = 2\frac{1}{6}$$

Antwortsatz: Das Ergebnis ist $2\frac{1}{6}$.

Übungsaufgaben

93. Übungsaufgabe
2 ist um 0,85 und dann noch um $\frac{3}{4}$ zu vermindern.
Berechne die Enddifferenz.

94. Übungsaufgabe
$\frac{27}{25}$ sind um 0,24 zu vermindern. Zu dieser Differenz sind $\frac{4}{5}$ zu addieren.

95. Übungsaufgabe
Die Summe von 1, $\frac{4}{3}$ und 0,3 ist um die Differenz zwischen 0,5 und $\frac{1}{3}$ zu vermindern.

96. Übungsaufgabe
Zum Produkt aus $1\frac{2}{3}$ und 0,6 ist die Summe der beiden Zahlen zu addieren.

97. Übungsaufgabe
Vom Quotienten aus $1\frac{2}{3}$ und 0,6 ist deren Differenz zu subtrahieren.

98. Übungsaufgabe
Gegeben sind die drei Zahlen 1,55 und $\frac{11}{10}$ und 1,05.

a) Ordne die drei Zahlen der Größe nach. Beginne mit der kleinsten Zahl.
b) Bilde die Summe aus der größten und der kleinsten Zahl und vermindere diese um die mittlere Zahl.
c) Bilde die Differenz aus der größten und der kleinsten Zahl und vermehre diese um die mittlere Zahl.

99. Übungsaufgabe

a) Die Summe aus $3\frac{3}{4}$ und $\frac{54}{16}$ ist um die Differenz dieser beiden Zahlen zu vermehren.
b) Was ergibt sich, wenn man die Summe dieser Zahlen um deren Differenz vermindert?

Textaufgaben mit Brüchen – Verbinden der Grundrechenarten (2)

16. Musteraufgabe

a) Es ist das Produkt aus der Summe von $2\frac{2}{5}$ und 0,35 und der Differenz dieser Zahlen zu berechnen.

Lösung

+	·	−	=	Ergebnis
Summe	mal	Differenz		

$$\left(2\frac{2}{5} + \frac{35}{100}\right) \cdot \left(2\frac{2}{5} - \frac{35}{100}\right)$$

$$= \left(\frac{12}{5} + \frac{35}{100}\right) \cdot \left(\frac{12}{5} - \frac{35}{100}\right)$$

$$= \left(\frac{240 + 35}{100}\right) \cdot \left(\frac{240 - 35}{100}\right)$$

$$= \frac{\overset{11}{\cancel{275}}}{\underset{20}{\cancel{100}}} \cdot \frac{\overset{41}{\cancel{205}}}{\underset{4}{\cancel{100}}}$$

$$= \frac{451}{80}$$

$$= 5\frac{51}{80}$$

Antwortsatz: Das Produkt ist $\frac{451}{80} = 5\frac{51}{80}$

b) Der Quotient von 4,2 und der Summe aus $\frac{7}{4}$ und 0,35 ist zu berechnen.

Lösung: Der Dividend ist 4,2 und der Divisor ist $1\frac{3}{4}$ + 0,35 = 2,1.

4,2	:	1,75 + 0,35	→	
Dividend		Divisor		Quotient
4,2	:	2,1	=	2,0

Antwortsatz: Der Quotient ist 2,0.

Übungsaufgaben

100. Übungsaufgabe

Es ist das Produkt aus $3\frac{1}{3}$ und der Summe von $\frac{4}{15}$ und $\frac{3}{5}$ zu ermitteln.

101. Übungsaufgabe

Berechne die Summe aus dem Produkt von 1,5 mit $\frac{5}{6}$ und der Zahl 0,13.

102. Übungsaufgabe

Berechne die Differenz aus dem Quotienten von 1,5 mit $\frac{5}{6}$ und der Zahl 0,13.

103. Übungsaufgabe

Es ist das Produkt aus der Summe von $\frac{11}{5}$ und $\frac{7}{15}$ und deren Differenz zu ermitteln.

104. Übungsaufgabe

Wie groß ist die Differenz aus dem Produkt von 9,5 und 0,1 und $\frac{95}{100}$?

105. Übungsaufgabe

Berechne den Quotienten aus der Summe von 0,7 und $\frac{3}{5}$ und deren Differenz?

106. Übungsaufgabe

Berechne das Produkt aus der Summe von 0,7 und $\frac{3}{5}$ und deren Differenz?

107. Übungsaufgabe

Es ist die Summe aus den beiden Zahlen $\frac{27}{20}$ und $\frac{27}{40}$ durch ihre Differenz zu dividieren.

Teile von Ganzen und Vielfache davon – Dreisatzschluss (1)

17. Musteraufgabe

a) In einer Lieferung von 240 T-Shirts haben $\frac{3}{20}$ einen Aufdruck.
Wie viele T-Shirts haben einen Aufdruck?

Lösung:

Das Ganze → 240 T-Shirts / : 20

$\frac{1}{20}$ → 12 T-Shirts / · 3

$\frac{3}{20}$ → 36 T-Shirts

Antwortsatz: 36 T-Shirts dieser Sendung sind mit Aufdruck versehen.

b) In einer Sendung von 320 Turnhemden sind 16 fehlerhaft.
Welcher Anteil an dieser Sendung ist nicht fehlerhaft?

Lösung:

Das Ganze → 320 Turnhemden / : 10

$\frac{1}{10}$ → 32 Turnhemden / : 2

$\frac{1}{20}$ → 16 Turnhemden

Antwortsatz: $\frac{19}{20}$ der Sendung sind nicht fehlerhaft.

Übungsaufgaben

108. Übungsaufgabe

Berechne $\frac{7}{25}$ von 350 Kilogramm mit dem Dreisatzschluss.

109. Übungsaufgabe

Berechne nach dem Dreisatzschluss.

a) Von den 378 Hektar Stadtwald sind $\frac{3}{7}$ Mischwald. Wie viel Hektar sind das?

b) Von den 7 735 Hektar Staatswald sind $\frac{17}{35}$ Nadelwald. Wie viel Hektar sind das?

110. Übungsaufgabe

Nachdem die Forschergruppe $\frac{3}{5}$ ihrer geplanten Strecke, nämlich 10,5 km, in unwegsamen Gelände zurückgelegt hatte, wurde eine erste Rast eingelegt.

a) Wie lang ist die geplante Strecke?

b) Wie viel Kilometer müssen noch bewältigt werden?

111. Übungsaufgabe

Von einer Heizöllieferung übernahm Familie Adler $\frac{5}{8}$ der Gesamtmenge. Das waren 1 680 Liter.
Die andere Teilmenge übernahm der Nachbar Bärmann.

a) Wie viel Liter umfasste die gesamte Lieferung?

b) Wie viel Liter übernahm der Nachbar?

112. Übungsaufgabe

Das Zweieinhalbfache einer Strecke sind 720 Millimeter.

Berechne davon
a) die eigentliche Streckenlänge,
b) das Anderthalbfache der Strecke,
c) $\frac{5}{12}$ der Strecke.

113. Übungsaufgabe

Ein rechteckiger Parkplatz ist 24 Meter breit und 72 lang.

Berechne $\frac{16}{24}$ des Flächeninhaltes.

Teile von Ganzen und Vielfache davon / Dreisatzschluss (2)

18. Musteraufgabe

Ein Pkw legt in $2\frac{3}{4}$ Stunden eine Strecke von 220 Kilometern zurück.

a) Wie groß ist die Durchschnittsgeschwindigkeit in Kilometern pro Stunde?

b) Welche Strecke hat der Pkw in $1\frac{1}{2}$ Stunden zurückgelegt?

Lösung: $2\frac{3}{4}$ Stunden = $\frac{11}{4}$ Stunden ⟶ 220 Kilometer

: 11 ↓	$\frac{11}{4}$ Stunden	⟶	220 Kilometer	↓ : 11
· 4 ↓	$\frac{1}{4}$ Stunde	⟶	20 Kilometer	↓ · 4
: 2 ↓	1 Stunde	⟶	80 Kilometer	↓ : 2
	$\frac{1}{2}$ Stunde	⟶	40 Kilometer	

Antwortsatz zu a): In einer Stunde legt der Pkw 80 Kilometer zurück.

Wenn der Pkw in einer Stunde 80 Kilometer schafft (siehe vorletzte Zeile der Lösung), dann schafft er in 1,5 Stunden 80 Kilometer · 1,5 = 120 Kilometer.

Antwortsatz zu b): In 1,5 Stunden legt der Pkw 120 Kilometer zurück.

Übungsaufgaben

114. Übungsaufgabe

Ein Stahlrohr von $1\frac{3}{4}$ Meter Länge wiegt $4\frac{1}{5}$ Kilogramm.

a) Wie viel Kilogramm wiegt ein solches Rohr, das 1,25 Meter lang ist?
b) Wie viel Kilogramm wiegen 4 solcher Rohre von je 1 Meter Länge?

115. Übungsaufgabe

Zur Anfertigung von 7 Herrenhosen braucht man $12\frac{1}{4}$ Meter Stoff.

a) Wie viel Meter Stoff benötigt man für 5 Hosen?
b) Wie viel Meter Stoff sind zur Herstellung von 35 Herrenhosen erforderlich?

116. Übungsaufgabe

In 80 Minuten werden von einem Automaten 2 960 Flaschen gefüllt.

a) Wie viel Flaschen sind das pro Viertelstunde?
b) Wie lange dauert das Abfüllen von 296 Flaschen?

117. Übungsaufgabe

Eine Ackerfläche von 11,4 Hektar sind genau $\frac{3}{8}$ des gesamten Landbesitzes der Bauernfamilie Aßmann.
Aus Altersgründen will die Familie $\frac{1}{4}$ der Gesamtfläche verkaufen.
Wie viel Hektar Land sind das?

118. Übungsaufgabe

In einem Kanister sind noch 1,6 Liter eines Lösungsmittels.
Diese Menge wiegt 1,44 Kilogramm.
Der Kanister fasst genau 5 Liter.
Welches Gewicht hat die ursprüngliche Menge Lösungsmittel?

119. Übungsaufgabe

Ein Rasensprenger verbraucht in 4,5 Minuten 7,5 Liter Wasser.

a) Wie viel Liter verbraucht er in einer halben Stunde?
b) Wie viel Minuten ist der Sprenger in Betrieb, wenn 25 Liter verbraucht sind?

Berechnen der Flächeninhalte von Rechtecken

19. Musteraufgabe

a) Der Flächeninhalt des Rechteckes ABCD ist zu berechnen.

a = 12,5 cm
b = 7,2 cm

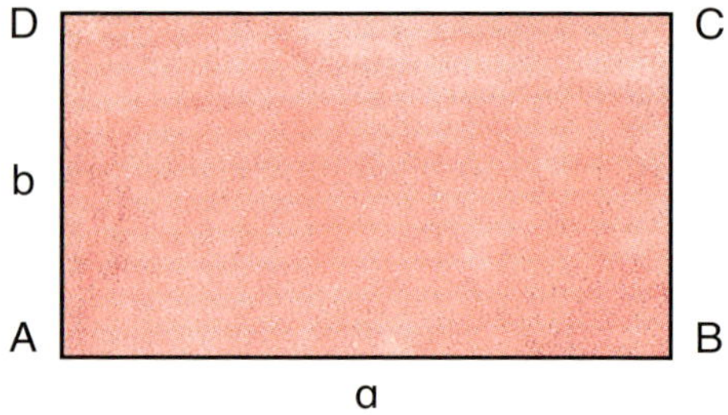

Lösung

A = a · b

Rechnung:
A = 12,5 Zentimeter · 7,2 Zentimeter
= 90 Quadratzentimeter

Ü: 12 · 7 = 84
N.R.: 12,5 · 7,2

875
250
90,00

Antwortsatz:
Der Flächeninhalt des Rechteckes ABCD beträgt 90 cm^2.

b) Ein rechteckiges Teilstück des Schulgartens von 7,4 Meter Länge und 5,8 Meter Breite soll in 24 Beete in den Abmessungen 0,85 x 1,40 Meter aufgeteilt werden. Wie viel Quadratmeter verbleiben für Wege, Geräteschuppen, Komposthaufen und anderes?

Lösung:

1. Rechnung (Gesamtfläche)
A = 7,4 Meter · 5,8 Meter
= 42,92 Quadratmeter

Ü: 7 · 6 = 42
N.R.: 7,4 · 5,8

370
592
42,92

2. Rechnung (Beetfläche)
A = 0,85 Meter · 1,4 Meter
= 1,19 Quadratmeter

Ü: 1 · 1 = 1
N.R.: 0,85 · 1,4

85
340
11,90

3. Rechnung (alle Beete)
24 · 1,19 Quadratmeter
= 28,56 Quadratmeter

4. Rechnung
42,92 m^2 – 28,56 m^2 = 14,36 m^2

Antwortsatz: Für Wege, Geräteschuppen, ... verbleiben noch rund 14 Quadratmeter.

Übungsaufgaben

120. Übungsaufgabe
Ergänze die Tabelle, wenn die Seitenlängen des Rechteckes a und b sind.

a	b	$A = a \cdot b$
2,4 m	$\frac{3}{4}$ m	
3,2 km	1,5 km	
	45 dm	1 350 dm^2

121. Übungsaufgabe
Ein Rechteck ist 22,4 m lang. Die Breite ist 0,7 m kürzer als die Länge.
Berechne den Umfang u und den Flächeninhalt A des Rechtecks.

122. Übungsaufgabe
Ein Kleingarten besteht aus zwei rechteckigen Teilflächen. Die Rechtecke sind beide 26,5 m lang. Die eine Teilfläche ist 12,4 m, die andere nur halb so breit.
Berechne die Gesamtfläche.

123. Übungsaufgabe
Eine Parkanlage in Form eines lang gestreckten Rechtecks hat Seitenlängen von 205 m und 32 m.
Ein Viertel der Gesamtfläche ist Wiese. Zwei Drittel der verbleibenden Fläche sind mit Bäumen und Sträuchern bepflanzt. Der Rest sind Parkwege und Kinderspielplätze.
Wie viel Quadratmeter sind Parkwege, wenn die Spielplätze eine Fläche von 450 m^2 ausmachen?

124. Übungsaufgabe
Bei einem rechteckigen Blumenbeet ist die eine Seite 2,5 m lang und die andere Seite 90 cm kürzer.
Die Hälfte ist mit Astern bepflanzt, ein Viertel der übrigen Fläche mit Gladiolen und auf der restlichen Fläche wachsen Nelken.
Welcher Anteil der Beetfläche ist mit Nelken bepflanzt?

Oberflächeninhalt und Volumen von Quadern (1)

20. Musteraufgabe

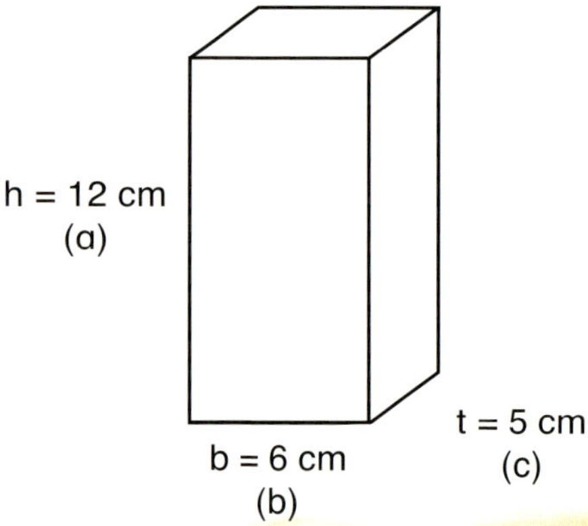

Im Möbelhandel nennt man die Größen – zum Beispiel bei einem Schrank – Höhe (h), Breite (b) und Tiefe (t).

Wir nennen die drei Größen eines Quaders a, b und c.

Berechne die Oberfläche und das Volumen des abgebildeten Quaders.

Lösung: (1) Oberflächeninhalt:
Die Oberfläche besteht aus 6 Rechtecken.
Gegenüberliegende Rechtecke haben den gleichen Flächeninhalt.

$$
\begin{aligned}
A_o &= 2 \cdot ab + 2 \cdot bc + 2 \cdot ac \\
&= 2 \cdot 12\text{ cm} \cdot 6\text{ cm} + 2 \cdot 6\text{ cm} \cdot 5\text{ cm} + 2 \cdot 12\text{ cm} \cdot 5\text{ cm} \\
&= 144\text{ cm}^2 + 60\text{ cm}^2 + 120\text{ cm}^2 \\
&= 324\text{ cm}^2
\end{aligned}
$$

Lösung: (2)

$$
\begin{aligned}
V &= a \cdot b \cdot c \\
&= 12\text{ cm} \cdot 6\text{ cm} \cdot 5\text{ cm} \\
&= 360\text{ cm}^3
\end{aligned}
$$

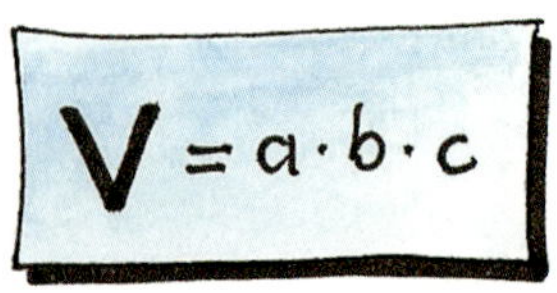

Antwortsatz:
Der Oberflächeninhalt des Quaders beträgt 324 cm^2 und sein Volumen 360 cm^3.

Übungsaufgaben

125. Übungsaufgabe

Ein Quader hat folgende Abmessungen:
a = 0,45 m, b ist 5 cm kürzer als a und c ist 1 dm länger als b.

a) Gib alle Maße in Zentimeter an.
b) Berechne den Oberflächeninhalt des Quaders in Quadratdezimetern.
c) Berechne das Volumen in Kubikmetern.

126. Übungsaufgabe

Eine quaderförmige Baugrube (7,5 m x 8,0 m x 1,2 m) wurde mittels Bagger ausgehoben.

a) Wie viel Kubikmeter Erde musste ausgehoben werden?
b) Nach einem Platzregen steht das Wasser in der Grube 20 cm hoch. Wie viel Liter sind das?

127. Übungsaufgabe

Peer hat als Hausaufgabe einen Quader aus Pappe gebastelt.
Dieser hat die Maße 8 cm x 5 cm x 4 cm.
Diesen Quader will er rot anmalen.
Wie viel Quadratzentimeter hat Peer anzumalen?

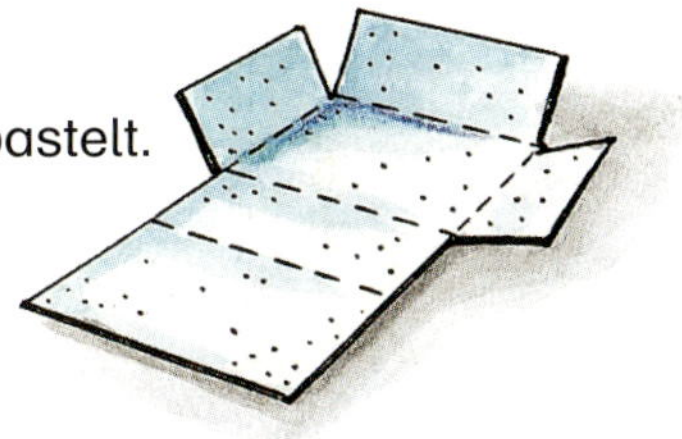

128. Übungsaufgabe

Kerstins Zimmer wird renoviert. Das Zimmer ist 4,2 m lang, 3,5 m breit und 2,5 m hoch.
Es wird ein Laminatfußboden gelegt. An die Wände kommen Tapeten und die Zimmerdecke erhält einen neuen Anstrich.

a) Wie viel Kubikmeter umschließen die Wände von Kerstins Zimmer?
b) Wie viel Quadratmeter Laminat werden für den Fußboden benötigt, wenn man mit einem Zehntel Verschnitt rechnen muss?
c) Wie viel Quadratmeter Fläche sind zu tapezieren?

129. Übungsaufgabe

Ein Aquarium fasst 66 Liter Wasser.
Es wurde gereinigt und ist zu einem Sechstel gefüllt.

a) Wie viel Liter Wasser fehlen, bis das Aquarium zu $\frac{2}{3}$ seines Fassungsvermögen gefüllt ist?
b) Wie viel Eimer Wasser zu 8 Liter Volumen müssen dazu eingefüllt werden? (Runde sinnvoll!)

Oberflächeninhalt und Volumen von Quadern (2)

21. Musteraufgabe

a) Ein Quader mit den Kantenlängen $a = 2\frac{3}{4}$ cm und b = 4,4 cm hat ein Volumen von $60\frac{1}{2}$ cm^3.
Berechne die fehlende Seitenlänge c.

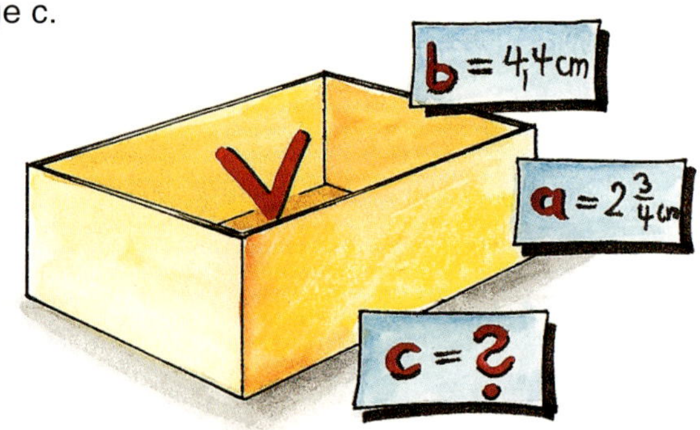

Lösung

1. Rechnung:
$V = a \cdot b \cdot c$
$60{,}5\ cm^3 = 2{,}75\ cm \cdot 4{,}4\ cm \cdot c$
$60{,}5\ cm^3 = 12{,}1\ cm^2 \cdot c$

2. Rechnung:
$c = 60{,}5\ cm^3 : 12{,}1\ cm^2$
$c = 605\ cm^3 : 121\ cm^2$
$c = 5\ cm$

Antwortsatz: Die Kantenlänge c beträgt 5 cm.

b) Ein Aquarium hat eine Länge von 32,0 cm und eine Breite von 20,5 cm.
Es wird nacheinander mit 3 Messbechern Wasser gefüllt. Jeder Messbecher fasst 2,5 Liter Wasser.
Wie hoch steht das Wasser im Aquarium?

Lösung

1. Rechnung:
$7{,}5\ l = 7\,500\ cm^3$

2. Rechnung:
$7\,500\ cm^3 = 32\ cm \cdot 20{,}5\ cm \cdot h$
$7\,500\ cm^3 = 656\ cm^2 \cdot h$

3. Rechnung:
$h = 7\,500\ cm^3 : 656\ cm^2$
$= 11{,}43 \ldots\ cm$

Antwortsatz: Das Wasser steht im Aquarium rund 11 cm hoch.

Übungsaufgaben

130. Übungsaufgabe
Eine quaderförmige Klärgrube hat eine Länge von 2,4 Metern und eine Breite von 3,5 Metern. Sie soll 17 Kubikmeter Abwasser aufnehmen können.
Welche Mindesttiefe muss die Grube haben?

131. Übungsaufgabe
Ein Stabstahl von quadratischem Querschnitt hat bei einer Kantenlänge von 4 Millimeter x 4 Millimeter ein Volumen von 76,8 Kubikzentimeter.
Berechne die Länge des Stabes.

132. Übungsaufgabe
Bei einer bestimmten Sorte von Pflastersteinen aus Beton ist die Höhe halb so groß wie die Länge und die Breite anderthalbmal so groß wie die Höhe. Die Länge eines Steines beträgt 1,6 dm.

a) Gib alle Kantenlängen in Zentimetern an.
b) Berechne das Volumen eines solchen Steines.
c) Die Steine werden je 120 Stück auf einer Palette vom Werk geliefert. Welches Gewicht haben die Steine einer Palette, wenn ein Stein 3,8 Kilogramm wiegt?

133. Übungsaufgabe
Ein Flachstahl mit rechteckigem Querschnitt in den Maßen 2 mm x 25 mm ist 1200 mm lang.

a) Berechne sein Volumen.
b) Wie viel wiegen 35 solcher Flachstähle, wenn 1 cm^3 Stahl ein Gewicht von 7,8 Gramm hat?

134. Übungsaufgabe
Wie viel Liter Benzin gehen in einen quaderförmigen Kanister in den Maßen 12,5 cm x 22 cm x 32 cm?

135. Übungsaufgabe
Jenny bastelt ein Würfelmodell aus Pappe.
Die Kantenlänge des Würfels beträgt 5,5 cm.

a) Berechne das Volumen dieses Würfels.
b) Wie viel Quadratdezimeter beträgt die Oberfläche dieses Würfels?

Rechnen mit Anteilen (1)

22. Musteraufgabe

Luft enthält etwa $\frac{1}{5}$ Sauerstoff; d. h., in 100 cm^3 Luft sind etwa 20 cm^3 Sauerstoff, oder 1 m^3 = 1000 Liter Luft enthält etwa 200 Liter Sauerstoff.

Ein Klassenzimmer ist 8,5 m lang, 6,8 m breit und 3,2 m hoch.

a) Wie viel Liter Sauerstoff sind in diesem Raum vorhanden?

b) Wenn der Raum schlecht belüftet wird, verringert sich bei ständiger Nutzung (6 Unterrichtsstunden) der Sauerstoffanteil auf ein Sechstel.
Wie viel Liter Sauerstoff sind bei Unterrichtsschluss noch im Zimmer?

Lösungen

a) 1. Rechnung:

$V = a \cdot b \cdot c$
$= 8{,}5\ m \cdot 6{,}8\ m \cdot 3{,}2\ m$
$= 184{,}96\ m^3$
$\approx 185\ m^3$

2. Rechnung:

$185\ m^3 : 5 \approx 37\ m^3$, das sind 37 000 l Sauerstoff.

Antwortsatz: Das Klassenzimmer enthält 37 000 Liter Sauerstoff.

b) Rechnung:

$185\ m^3 : 6 \approx 30{,}8\ m^3$
$\approx 30\,800\ l$

Antwortsatz: Zu Unterrichtsschluss sind noch etwa 30 800 l Sauerstoff im Raum.

Übungsaufgaben

136. Übungsaufgabe
Eine spezielle Metalllegierung besteht zu $\frac{17}{20}$ ihres Gewichtes aus Eisen, zu $\frac{1}{10}$ ihres Gewichtes aus Chrom und der Rest ist Nickel.

Wie viel Kilogramm Chrom sind in $1\frac{1}{2}$ Tonnen dieser Legierung enthalten?

137. Übungsaufgabe
Zu Irenes Geburtstag bereitet Mutter eine Fruchtsaftbowle vor.
Diese Bowle enthält 5 Teile Kirschsirup, 3 Teile Erdbeersaft, einen Teil Zitronensaft, 2 Teile Zucker und 9 Teile Mineralwasser.
Das ergibt 4,5 Liter Bowle. (4,5 Liter = 4 500 cm^3)

a) Wie viel Kubikzentimeter Erdbeersaft sind in dieser Bowle?
b) Da sich weitere Gäste einfinden, bereitet Mutter noch schnell zwei weitere Liter Bowle in der gleichen Zusammensetzung vor.
Wie viel Liter Mineralwasser sind dazu nötig?

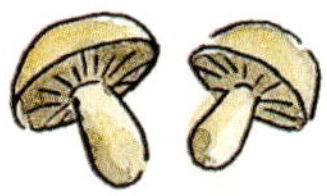

138. Übungsaufgabe
Frische Pilze bestehen zu $\frac{47}{50}$ ihres Gewichtes aus Wasser.

Rainer hat in seinem Korb 3,6 Kilogramm Pilze gesammelt, die er trocknen möchte.

a) Welches Gewicht hat die Trockenmasse?
b) Wie viel Kubikzentimeter Wasser sind in 5 kg frischen Pilzen (1 cm^3 Wasser wiegt 1 g) enthalten?

139. Übungsaufgabe
Ein Pflanzenschutzmittel enthält in einem Liter 5 Milliliter der chemischen Substanz.

a) Wie viel Liter des Mittels sind in einem Hektoliter fertiger Mischung enthalten?
b) Wie viel Milliliter der Substanz braucht man für 10 Liter fertige Mischung?

140. Übungsaufgabe
Eine achtprozentige Kochsalzlösung enthält 8 g Salz in einem Liter.

Wie viel Gramm Salz enthalten $1\frac{1}{4}$ Liter Lösung ?

Rechnen mit Anteilen (2)

23. Musteraufgabe

a) Ein Gartenbaubetrieb verfügt über eine Gesamtfläche von 4 800 Quadratmeter. Drei Fünftel der Fläche werden zum Gemüseanbau genutzt, davon $\frac{3}{8}$ unter Glas.
Wie viel Quadratmeter Gemüse wird unter Glas angebaut?

Lösung

1. Rechnung:
1 Fünftel von 4 800 m² ⟶ 4 800 m² : 5 = 960 m²
3 Fünftel von 4 800 m² ⟶ 960 m² · 3 = 2 880 m²

2. Rechnung:
1 Achtel von 2 880 m² ⟶ 2 880 m² : 8 = 360 m²
3 Achtel von 2 880 m² ⟶ 360 m² · 3 = 1080 m²

Antwortsatz: Unter Glas stehen 1080 Quadratmeter Fläche und für den Gemüseanbau werden 2 880 Quadratmeter genutzt.

b) Auf der übrigen Fläche werden Blumen angebaut. Allein für verschiedene Sorten Nelken werden $\frac{2}{3}$ der Fläche genutzt.
Auf wie viel Quadratmetern werden Nelken angebaut?

Lösung

1. Rechnung:
4 800 Quadratmeter – 2 880 Quadratmeter = 1920 Quadratmeter

2. Rechnung:
$\frac{1}{3}$ von 1920 Quadratmeter ⟶ 640 Quadratmeter
$\frac{2}{3}$ von 1920 Quadratmeter ⟶ 1280 Quadratmeter

Antwortsatz: Auf 1280 Quadratmeter werden Nelken angebaut.

Übungsaufgaben

141. Übungsaufgabe
Eine Schulbibliothek bekommt 432 Bücher geschenkt.
Davon sind $\frac{7}{8}$ noch sehr gut erhalten. $\frac{5}{9}$ dieser sehr gut erhaltenen Bücher sind Lesestoffe, der Rest sind Aufgabensammlungen für Mathematik.
Wie viel Mathematikbücher wurden der Schulbibliothek geschenkt?

142. Übungsaufgabe
Eine Unterrichtstunde beträgt 45 Minuten. In $\frac{4}{5}$ der Gesamtzeit wurde fleißig gerechnet. In einem Drittel dieser Zeit wurde eine Kurzkontrolle geschrieben.
Wie viel Minuten standen für die Kurzkontrolle zur Verfügung?

143. Übungsaufgabe

Frau Dressler gewann 1080 Euro in der Lotterie.
Davon schenkte sie $\frac{1}{4}$ ihrer Tochter und $\frac{2}{5}$ des verbleibenden Betrages übergab sie dem Kinder-Hilfs-Fond.
Welchen Betrag behielt Frau Dressler für sich selbst?

144. Übungsaufgabe
Ein Zehntel der Gesamtfläche einer Landesgartenschau von 235 Hektar Größe ist für Wege und Freiflächen vorgesehen, $\frac{3}{5}$ der Gesamtfläche werden mit Blumen bepflanzt. Der Rest ist für Gemüse, Bäume und Sträucher vorgesehen.
Wie viel Hektar bleiben für Gemüse, Bäume und Sträucher?

145. Übungsaufgabe
a) Ein Rechteck von 8 cm Länge und 3 cm Breite wird in Einheitsquadrate von 1 cm Seitenlänge zerlegt.
Wie viel Einheitsquadrate ergibt das?
b) $\frac{5}{6}$ aller Einheitsquadrate werden rot gefärbt. Vom Rest ist die eine Hälfte grün und die andere gelb.
Wie viel Einheitsquadrate sind gelb?
c) Wie viel Einheitsquadrate wären bei gleicher Aufteilung grün, wenn das Rechteck die doppelte Breite hätte?

Fahren und Wandern

24. Musteraufgabe

a) Nachdem $\frac{3}{10}$ der 12 Kilometer langen Wanderstrecke bewältigt waren, legte die Gruppe eine kurze Rast ein.
Genau nach der Hälfte der verbleibenden Strecke wurde Mittagspause gemacht.
Wie viel Kilometer waren es von da an bis zum Ziel?

Lösung

(1) Ein Zehntel von 12 km = 1,2 km.
Drei Zehntel sind dann 1,2 km · 3 = 3,6 km.

(2 Es bleiben 12 km – 3,6 km = 8,4 km.
Die Hälfte davon sind 4,2 km.

Antwortsatz: Bis zum Ziel waren es noch 4,2 km.

b) Für den folgenden Tag war eine Gesamtstrecke von 96 Kilometer geplant.
$\frac{3}{8}$ der Strecke wollte man allerdings mit der Bahn fahren und von der verbleibenden Streckenlänge sollten $\frac{3}{4}$ per Schiff zurückgelegt werden.
Wie viel Kilometer wollte man zu Fuß unterwegs sein?

Lösung

1. Rechnung:

$\frac{1}{8}$ von 96 Kilometer ⟶ 12 Kilometer

$\frac{3}{8}$ von 96 Kilometer ⟶ 36 Kilometer

Es verbleiben 60 Kilometer.

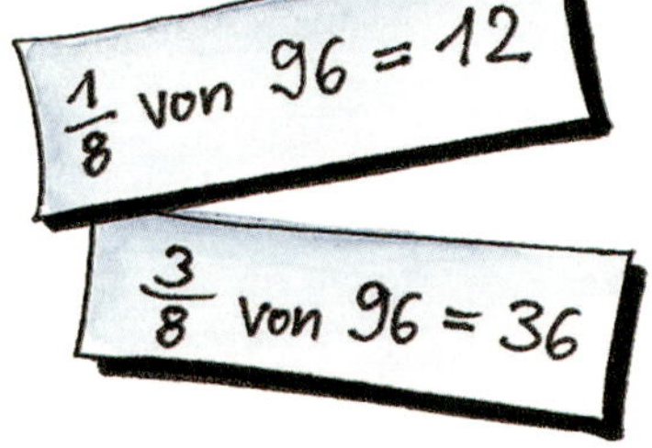

2. Rechnung:

Von 60 Kilometer ⟶ 45 Kilometer; es verbleiben 15 Kilometer.

Antwortsatz: Es war geplant, 15 Kilometer zu wandern.

Übungsaufgaben

146. Übungsaufgabe
Der Mathematiklehrer hatte sich von der Tageswanderung seiner Klasse alle wichtigen Streckenlängen notiert und stellte daraus die folgende Aufgabe:

Zurückgelegte Gesamtstrecke: 56 Kilometer,
davon mit dem Zug: $\frac{3}{7}$ der Gesamtstrecke,
von der verbleibenden Strecke: $\frac{5}{8}$ mit dem Bus.
Der Rest wurde zu Fuß bewältigt.
Wie viel Kilometer mussten die Schüler laufen?

147. Übungsaufgabe
Am Waldlauf beteiligten sich insgesamt 208 Personen.
Die Hälfte davon waren Männer zwischen 20 und 50 Jahren,
ein Achtel davon waren Frauen zwischen 20 und 50 Jahren,
die übrigen Läufer waren Jugendliche über 14 Jahre, davon ein Drittel Schüler aus dem Sportgymnasium.
Wie viele Schüler aus diesem Gymnasium nahmen am Waldlauf teil?

148. Übungsaufgabe
In eine Realschule kommen 188 der insgesamt 420 Schüler zu Fuß, 44 Schüler werden von ihren Eltern mit dem Pkw gebracht. Ein Drittel kommt mit dem Schulbus. 48 Schüler kommen mit ihrem Fahrrad oder ihrem Moped.
Wie viele Schüler kommen mit dem Schulbus?

149. Übungsaufgabe
Frau Becker hatte bei einer Dienstreise über 4 Tage insgesamt 660 km zu bewältigen. Am ersten Tag legte sie $\frac{3}{11}$ der Strecke zurück.
Am zweiten Tag fuhr sie nur 117 km und am dritten Tag ein Drittel der verbleibenden Strecke.
Wie lang war die Strecke am 4. Tag?

150. Übungsaufgabe
Die Schulklasse beobachtete während ihrer Rast einen Wanderer, der kräftig ausschreitend auf sie zu kam. Die Kinder fragten ihn, wie weit er schon gelaufen wäre. „Drei Zehntel von einem Fünftel von 500 Kilometern“ lautete die knappe Antwort.
Wie viel Kilometer war der Wanderer schon gelaufen?

Waren und Preise (1)

25. Musteraufgabe

Peter, Ingo und Axel kaufen für das Schulfest für insgesamt 108 Euro Getränke (Limo, Fruchtsaft, Mineralwasser) ein.
Sie stellen fest, dass sie für Fruchtsaft die Hälfte des Betrages, für Limo die Hälfte des restlichen Betrages und für Mineralwasser wiederum die Hälfte der nun verbleibenden Summe gezahlt haben.
Für das übrige Geld wurden Salzbrezeln gekauft.

a) Gib die Geldbeträge für die einzelnen Waren an.
b) Gib die ausgegebenen Beträge als Bruchteile der 108 Euro an.
c) In der Klassenkasse waren ursprünglich 180 Euro.
   Gib die ausgegebenen Beträge nun als Bruchteile von 180 Euro an.

Lösungen

a) Fruchtsaft: Die Hälfte von 108 Euro sind 54 Euro, bleiben 54 Euro.
   Limo: Die Hälfte von 54 Euro sind 27 Euro, bleiben 27 Euro.
   Mineralwasser: Die Hälfte von 27 Euro sind 13,50 Euro, bleiben 13,50 Euro.
   Für 13,50 Euro wurden Salzbrezeln gekauft.

b) Fruchtsaft-Betrag: $\frac{1}{2}$ der Gesamtsumme

   Limo-Betrag: $\frac{1}{4}$ der Gesamtsumme

   Mineralwasser-Betrag: $\frac{1}{8}$ der Gesamtsumme

   Salzbrezel-Betrag: auch $\frac{1}{8}$ der Gesamtsumme

c) Fruchtsaft: $\frac{54}{180} = \frac{27}{90} = \frac{3}{10}$ Limo: $\frac{27}{180} = \frac{3}{20}$

   Mineralwasser: $\frac{13{,}50}{180} = \frac{27}{360} = \frac{3}{40}$ Salzbrezel: $\frac{3}{40}$

Übungsaufgaben

151. Übungsaufgabe
Familie Haupt kauft sich eine neue Kücheneinrichtung, die insgesamt 10 440 Euro kostet.
Sie vereinbart mit dem Möbelhaus folgende Bezahlung:
Ein Drittel der Kaufsumme wird sofort bar angezahlt.
Von der restlichen Summe werden zwei Drittel bar bezahlt, wenn die Küche geliefert wird, aufgebaut und funktionstüchtig ist.
Für den verbleibenden Betrag nimmt Familie Haupt Ratenzahlung in Anspruch.
Welchen Betrag zahlt die Familie in Raten?

152. Übungsaufgabe
Frau Mertens hat beim Wochenendeinkauf insgesamt 105,70 Euro ausgegeben.
Drei Siebtel des Betrages gab sie an der Fleischtheke aus.
Drei Fünftel der restlichen Summe musste sie für Lebensmittel bezahlen.
Für 4,99 Euro kaufte sie einen schönen Blumenstrauß.
Den verbleibenden Betrag gab Frau Mertens am Backwarenstand aus.
Welcher Betrag war am Backwarenstand zu entrichten?

153. Übungsaufgabe
Der Außendienstmitarbeiter eines Kleidergroßhandels konnte innerhalb von fünf Tagen Verträge über 52 800 Euro abschließen.
Von dieser Summe entfielen 8 Fünfzehntel auf die neue Herbstmode, über drei Viertel der verbleibenden Summe wurden Verträge über die kommende Wintermode geschlossen. Der Rest entfiel auf Kinderbekleidung.
Für wie viel Euro wurde Kinderbekleidung bestellt?

154. Übungsaufgabe
Ein Damenwintermantel macht elf Dreizehntel vom Preis eines Herbstkostüms aus, welches 373,75 Euro kostet.
Wie viel Euro kostet der Wintermantel?

155. Übungsaufgabe
Das Pfand für eine Flasche Limo kostet ein Sechstel des Preises für den Inhalt.
Die Flasche kostet mit Pfand 105 Cent.
Wie hoch ist das Pfand für eine Flasche?

Waren und Preise (2)

26. Musteraufgabe

Ein Autozulieferbetrieb fertigt Bauteile und liefert $\frac{7}{12}$ seines Umsatzes an Großbetriebe, $\frac{1}{6}$ an Werkstätten und den Rest in das Ausland.

a) Fertige ein Streifendiagramm über die einzelnen Empfänger an, wenn die Jahresproduktion 1,2 Millionen Teile beträgt.

b) Im folgenden Jahr erhöht sich die Produktion um $\frac{1}{8}$.
Wie viele Bauteile werden nun mehr produziert?

c) Der Verkaufspreis jedes produzierten Teiles beträgt 375 Euro.
Davon sind $\frac{3}{5}$ Betriebskosten und davon wiederum $\frac{3}{5}$ reine Lohnkosten.
Berechne die Lohnkosten pro Stück.

Lösungen

a)

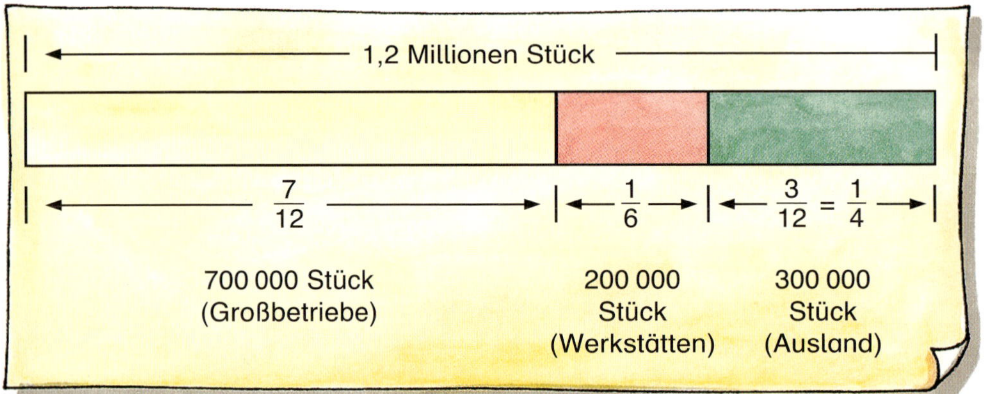

b) $\frac{1}{8}$ von 1 200 000 Stück = 1 200 000 Stück : 8
= 150 000 Stück

Antwortsatz: Im folgenden Jahr werden 150 000 Stück mehr produziert.

c) $\frac{3}{5}$ von 375 Euro = (375 Euro : 5) · 3
= 75 Euro · 3
= 225 Euro

$\frac{3}{5}$ von 225 Euro = (225 Euro : 5) · 3
= 45 Euro · 3
= 135 Euro

Antwortsatz: Die Lohnkosten betragen 135 Euro pro Stück.

Übungsaufgaben

156. Übungsaufgabe
Eine Großgärtnerei hatte im vergangenen Jahr Gesamteinnahmen von 725 400 Euro.

$\frac{7}{9}$ des Gewinnes stammen aus dem Verkauf von Gemüse, davon $\frac{3}{20}$ aus dem Verkauf von Spargel.

$\frac{1}{5}$ der Gesamteinnahmen wurden durch Blumenverkauf erzielt, der Rest kam aus Einnahmen der Kranzbinderei.

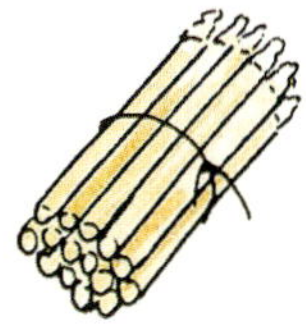

a) Welcher Betrag wurde durch die Kranzbinderei eingenommen?
b) Für wie viel Euro wurde Spargel verkauft?

157. Übungsaufgabe
Ein staatlicher Forstbetrieb bewirtschaftet insgesamt 36 000 ha Wald.
Davon sind $\frac{7}{10}$ der Fläche Nadelwald und der Rest Mischwald.
Aus dem Nadelwald wurden durch Verkauf 750 800 Euro Einnahme erzielt.
Davon entfielen auf den Verkauf von Nutzholz $\frac{19}{25}$, auf den Verkauf von Brennholz $\frac{7}{40}$ und den Verkauf von Weihnachtsbäumen der restliche Betrag.

a) Stelle die einzelnen Einnahmen in einem Streifendiagramm dar.
b) Welcher Erlös (in Euro) wurde aus dem Verkauf von Weihnachtsbäumen erzielt?

158. Übungsaufgabe
Eine Baumschule erzielte im Jahr einen Umsatz von 570 000 Euro.
$\frac{2}{3}$ der Einnahmen fiel aus dem Verkauf von Obstbaumsetzlingen an.
Der restliche Betrag stammt zu gleichen Teilen aus dem Verkauf von Koniferen und von Rosensetzlingen.

a) Stelle die einzelnen Positionen in einem Streifendiagramm dar.
b) Welcher Betrag wurde aus dem Verkauf von Rosensetzlingen erzielt?

159. Übungsaufgabe
Ein Gemüsestand auf dem Wochenmarkt erreichte an einem Tag Einnahmen von 567,– Euro.
$\frac{1}{3}$ des Betrages stammt aus dem Verkauf von Frühkartoffeln, der übrige Betrag kam zu $\frac{5}{8}$ aus dem Gemüseverkauf und der Rest aus dem Verkauf von Obst.

a) Stelle die Aufteilung grafisch dar.
b) Für wie viel Euro wurde Obst verkauft?

Waren und Preise (3)

27. Musteraufgabe

a) Die Musikabteilung eines großen Warenhauses erzielt $\frac{13}{16}$ ihres durchschnittlichen monatlichen Umsatzes aus dem Verkauf von CDs und DVDs. Das sind 128 700 Euro.
Der Verkauf von Tonbandkassetten liegt bei $\frac{1}{8}$ des monatlichen Gesamtumsatzes.
Für wie viel Euro wurden Tonbandkassetten verkauft?

Lösung

(1) $\frac{13}{16}$ des Ganzen → 128 700 Euro / : 13
$\frac{1}{16}$ → 9 900 Euro / · 16
1 Ganzes → 158 400 Euro

(2) $\frac{1}{8}$ von 158 400 Euro → 158 400 Euro : 8
→ 19 800 Euro

Antwortsatz: Für 19 800 Euro wurden Tonbandkassetten verkauft.

b) $\frac{3}{8}$ des Umsatzes eines Baumarktes entfallen auf Holzprodukte. Davon entfallen wiederum $\frac{3}{8}$, das sind monatlich durchschnittlich 15 300 Euro, auf den Verkauf von Paneelen (vorgefertigte, dünne Bretter).
Berechne den monatlichen Gesamtumsatz des Baumarktes.

Lösung

(1) $\frac{3}{8}$ des Ganzen → 15 300 Euro / : 3
$\frac{1}{8}$ → 5 100 Euro / · 8
Das Ganze (Paneele) → 40 800 Eur

(2) $\frac{3}{8}$ von 40 800 Euro → 40 800 Euro / : 3
$\frac{1}{8}$ → 13 600 Euro / · 8
Das Ganze (Holz insges.) → 108 800 Euro

Antwortsatz:
Der monatliche Gesamtumsatz des Baumarktes beträgt 108 800 Euro durchschnittlich.

Übungsaufgaben

160. Übungsaufgabe

In einer größeren Sendung waren $\frac{2}{27}$ CD-Player (= 48 Stück) schadhaft, davon sind $\frac{1}{3}$ durch den Transport völlig unbrauchbar geworden.

a) Wie viel CD-Player waren völlig unbrauchbar?
b) Welcher Anteil an der Gesamtzahl war völlig unbrauchbar?

161. Übungsaufgabe

$\frac{13}{24}$ des Gesamtbestandes eines Forstamtsbereiches, das sind rund 93 600 Bäume, zeigten Schäden.
$\frac{4}{9}$ davon mussten sofort gefällt werden.

a) Wie viele Bäume mussten sofort gefällt werden?
b) Welcher Anteil des gesamten Baumbestandes musste sofort gefällt werden?

162. Übungsaufgabe

$\frac{4}{9}$, das sind 36 900 Euro der Einnahmen einer Fleischerei kamen aus dem Verkauf von Schweinefleisch, $\frac{7}{18}$ vom Rind-, $\frac{4}{81}$ vom Schaf- und $\frac{2}{27}$ vom Geflügelfleischverkauf.
Der Rest der Einnahmen kam aus dem Verkauf von Konserven.

a) Stelle diese Verteilung in einem Streifendiagramm dar.
b) Für wie viel Euro wurden durchschnittlich im Monat Konserven verkauft?

163. Übungsaufgabe

Die Einnahmen einer großen Buchhandlung von durchschnittlich 121500 Euro monatlich setzten sich aus folgenden Anteilen zusammen:

15 Anteile Romane,
9 Anteile Fachbücher,
6 Anteile Kinderbücher und
6 Anteile Zeitschriften und Sonstiges

a) Stelle diese Verteilung in einem Kreisdiagramm dar.
b) Wie viel Euros brachte der Verkauf von Kinderbüchern?
c) Welchen Bruchteil vom Gesamtumsatz machen die Fachbücher aus?

164. Übungsaufgabe

Der Zeitungsverkäufer hatte erst 12 Zeitungen aus einem Stapel zu 30 Stück verkauft. 14 Stapel lagen noch da.
Welcher Bruchteil von der Gesamtzahl an Zeitungen war verkauft?

Allerlei Umrechnungen

28. Musteraufgabe
Auf den Weltmeeren wird die Entfernung in Seemeilen (sm) und die Geschwindigkeit von Schiffen in Knoten (kn) gemessen.
Es gilt: 1 sm = 1852 Meter; 1 kn = 1 sm/Stunde.

a) In welcher Entfernung (in Kilometer) fährt ein Schiff an einem Leuchtturm vorbei, wenn diese mit 2,4 sm angegeben wird?

b) Das Schiff fährt mit durchschnittlich 36 Knoten.
Welche Strecke legt es (1) in einer Viertelstunde, (2) in anderthalb Stunden zurück?

Lösung
a) Rechnung
2,4 sm = 1852 m · 2,4
= 4 444,8 m

Antwortsatz: Die Entfernung beträgt etwa 4 400 m = 4,4 km.

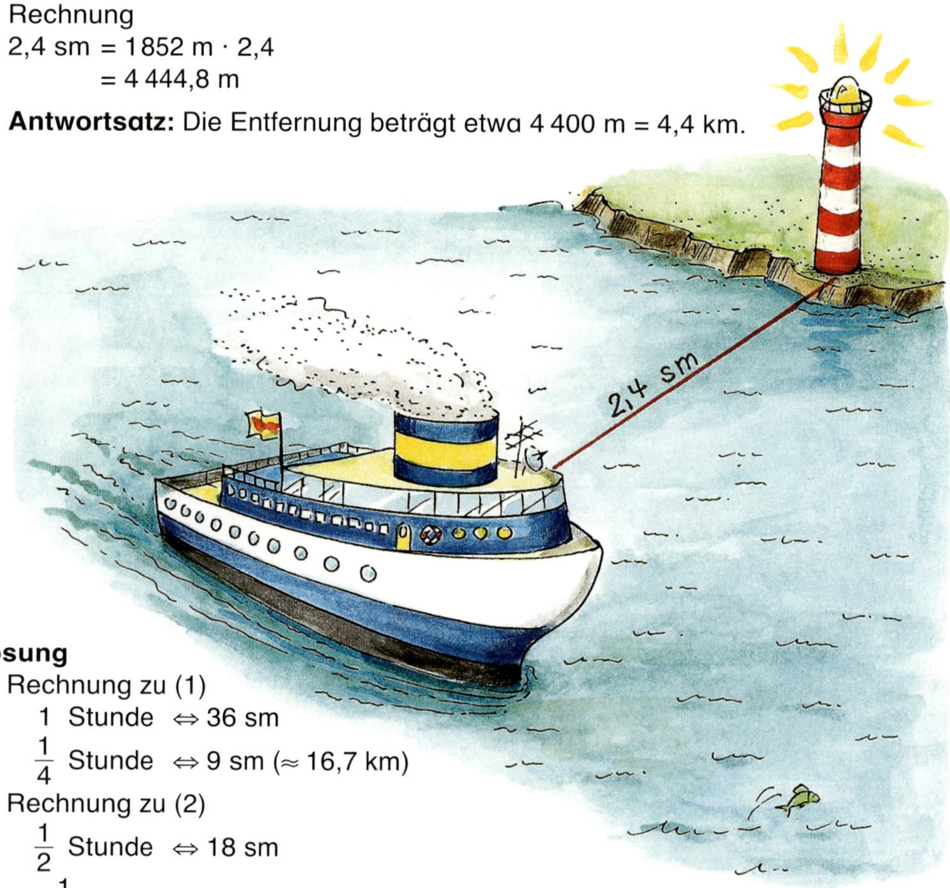

Lösung
b) Rechnung zu (1)

1 Stunde $\Leftrightarrow$ 36 sm

$\frac{1}{4}$ Stunde $\Leftrightarrow$ 9 sm ($\approx$ 16,7 km)

Rechnung zu (2)

$\frac{1}{2}$ Stunde $\Leftrightarrow$ 18 sm

$1\frac{1}{2}$ Stunden $\Leftrightarrow$ 54 sm ($\approx$ 100 km)

Antwortsatz:
In einer Viertelstunde (1) legt das Schiff 16,7 km und in anderthalb Stunden (2) 100 km zurück.

Übungsaufgaben

165. Übungsaufgabe

Ein Schiff fährt an einem anderen Schiff in einer Entfernung von 3,5 sm vorüber. Seine Geschwindigkeit beträgt 16,5 kn.

a) Welche Geschwindigkeit hat das Schiff in Kilometern/Stunde?
b) Nach 40 Minuten Fahrt ist das andere Schiff nicht mehr zu sehen. Wie viel Kilometer hat das Schiff in dieser Zeit zurückgelegt?

166. Übungsaufgabe

Der Durchmesser von Wasser- und Gasleitungen wird in Zoll angegeben. Dabei entspricht 1 Zoll genau 25,4 mm.

Welchen Radius hat ein $\frac{1}{4}$-Zoll-Rohr?

167. Übungsaufgabe

Peer verbringt die Sommerferien mit seinen Eltern in Schweden. Für seinen eigenen Bedarf kann er 45 Euro in Schweden-Kronen (SEK) umtauschen. Umtauschkurs: 922,575 SEK.

a) Wie viele SEK bekam Peer ausgezahlt?
b) Vom Urlaubsgeld blieben seinen Eltern 75 SEK übrig. Für den Rücktausch gilt folgender Kurs: 100 SEK $\longrightarrow$ 10,847 €. Wie viel Euro bekamen die Eltern im Tausch?

168. Übungsaufgabe

Die Rohölförderung wird in Barrel gerechnet.
1 Barrel $\approx$ 158,758 Liter

a) Was kostet 1 Liter Rohöl, wenn der Weltmarktpreis für 1 Barrel bei 70 Euro steht?
b) Wie viel Barrel Rohöl bekommt man für 100 000 Euro? Runde sinnvoll.

169. Übungsaufgabe

1 Pfund = 500 g und 1 Zentner = 100 Pfund.

a) Wie viel Kilogramm hat ein Zentner?
b) Wie viel Gramm ist $\frac{1}{2}$ Pfund?

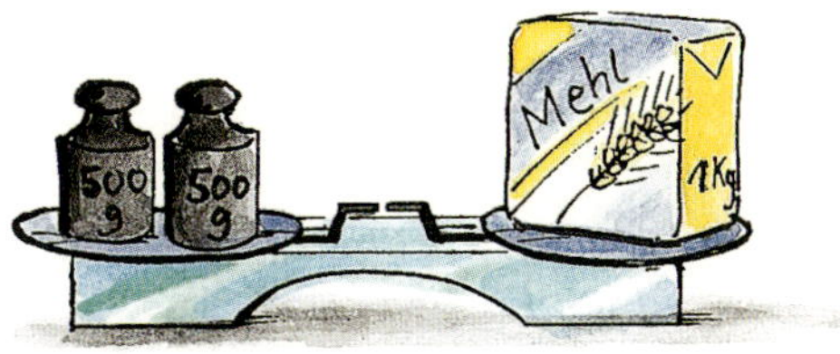

170. Übungsaufgabe

Ein Dutzend sind 12 Stück.

a) Wie viel Dutzend sind 90 Stück?
b) Wie viel Stück sind $3\frac{3}{4}$ Dutzend?

Vom Sparen

29. Musteraufgabe

Jana spart fleißig für ein neues Fahrrad. Auf ihrem Sparbuch sind 250 Euro und von ihrem monatlichen Taschengeld wirft sie regelmäßig $\frac{1}{6}$ des Betrages in ihr Sparschwein.

Ihr „Wunschrad“ steht im Schaufenster und kostet 336 Euro.

a) Der Händler bietet $\frac{1}{16}$ der Kaufsumme bei sofortiger Barzahlung als Rabatt an.
Wie viele Monate muss Jana mindestens noch sparen, wenn Sie monatlich 24 Euro Taschengeld bekommt und schon 24 Euro im Sparschwein sind?

b) Vater gibt ihr – weil sie so konsequent spart – 21 Euro dazu.
Wie viele Monate muss Jana nun noch sparen?

c) Für ihren Sparbetrag hätte Jana jährlich $\frac{1}{25}$ der Summe als Zinsen bekommen, die sie nun natürlich nicht erhält.
Welcher Betrag geht ihr für dieses Jahr verloren?

Lösungen

a) (1) $\frac{1}{6}$ des Taschengeldes sind 4 Euro.

(2) $\frac{1}{16}$ von 336 Euro = 21 Euro
Demnach müsste Jana 315 Euro für das Fahrrad bezahlen.
315 Euro – 250 Euro vom Sparbuch – 24 Euro (Sparschwein); bleiben 41 Euro.

Antwortsatz: Jana müsste also noch mindestens 10 Monate sparen.

b) 41 Euro – 21 Euro (vom Vater), bleiben noch 20 Euro.
Antwortsatz: Jana muss noch fünf Monate sparen.

c) $\frac{1}{25}$ von 250 Euro sind 10 Euro.
Antwortsatz: Jana büßt 10 Euro Zinsen ein.

Übungsaufgaben

171. Übungsaufgabe
In Jörgs Sparbüchse sind sechzehn 50-Cent-Münzen, doppelt so viele 20-Cent-Münzen und halb so viele 10-Cent-Münzen wie Münzen zu 0,50 Euro.
Jörg nimmt sich vor, jeden Monat den vierten Teil des Betrages zu sparen, den er im Augenblick in seiner Sparbüchse hat.

a) Welchen Betrag will Jörg monatlich sparen?
b) Nach wie vielen Jahren hat die angesparte Summe 200 Euro erreicht?

172. Übungsaufgabe
Familie Becher will sich einen neuen Tiefkühlschrank kaufen, der 288 Euro kosten soll. Sie will den Betrag in 12 Monatsraten begleichen.
Die Sparkasse verlangt $\frac{1}{12}$ des Betrages an Zinsen.
Wie viel Euro müssen Bechers monatlich zahlen?

173. Übungsaufgabe
Herr Claus hat vor, sich in absehbarer Zeit einen Pkw zu kaufen. Dazu hat er schon vor 4 Jahren mit seiner Sparkasse einen Vertrag vereinbart, bei dem er monatlich 120 Euro spart.
Bei Auszahlung des Gesparten gewährt die Sparkasse Zinsen von $\frac{3}{80}$ der Summe.
Der Kleinwagen kostet 7 200 Euro.
Welcher Betrag fehlt Herrn Claus nach Auszahlung des Gesparten (mit Zinsen) noch?

174. Übungsaufgabe
Die Aufbau-Bank gewährt Frau Monsen für 7 500 Euro $\frac{1}{25}$ der Summe als Zinsen.
Die Stadtsparkasse bietet dagegen $\frac{1}{20}$ der Summe als Zinsen.
Welches Angebot ist günstiger, und wie viel Euro beträgt der Unterschied?

175. Übungsaufgabe
Vater kündigt seinem Sohn Peer, der ihm die „Eins" seiner Mathe-Arbeit vorzeigte, vergnügt schmunzelnd an, er werde dessen monatliches Taschengeld von 15 Euro auf das 1,2-fache erhöhen.
Wie viel Euro monatliches Taschengeld bekommt Peer nun?

Mal mehr – mal weniger

30. Musteraufgabe

a) Der Fahrer eines Schüttgut-Lkws mit einer Ladefähigkeit von 24 Tonnen hat sein Fahrzeug um $\frac{1}{16}$ überladen und verliert deshalb bei der Fahrt durch das unwegsame Baugelände $\frac{1}{20}$ seiner Ladung.
Wie viel Tonnen Sand bringt er schließlich ans Ziel?

Lösung

1. Rechnung:
24 000 Kilogramm : 16 = 1 500 Kilogramm

2. Rechnung:
Geladene Menge: 24 Tonnen + 1,5 Tonnen = 25,5 Tonnen

3. Rechnung:
25 500 Kilogramm : 20 = 1 275 Kilogramm

Antwortsatz: Am Ziel kam der Lkw mit 24,225 Tonnen ≈ 24,2 Tonnen an.

b) Wegen großer Trockenheit herrscht entlang des gesamten Flusslaufes Niedrigwasser. Schon zu Beginn der Strecke kann das Motorschiff nur $\frac{8}{10}$ der sonst üblichen Personenzahl von 420 Passagieren befördern.
Unterwegs steigen 60 Personen aus.
Welcher Anteil der Passagiere kommt am Ziel an (als Bruch)?

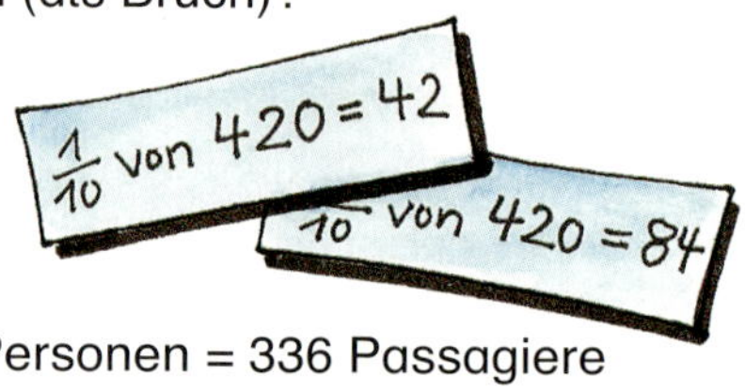

Lösung

1. Rechnung
$\frac{1}{10}$ von 420 Personen sind 42 Personen.
$\frac{2}{10}$ sind dann 84 Personen. 420 Personen – 84 Personen = 336 Passagiere (bei Fahrtbeginn)

2. Rechnung

420 Personen – 84 Personen – 60 Personen = 276 Personen

$\frac{276}{376} = \frac{92}{112} = \frac{46}{56} = \frac{23}{28}$

Antwortsatz: $\frac{23}{28}$ der Passagiere kommen ans Ziel.

Übungsaufgaben

176. Übungsaufgabe

Herr Groß hat neben seine Laube ein 200-Liter-Fass gestellt, in dem er das Regenwasser auffängt.

Das Fass war schon zu $\frac{1}{4}$ gefüllt, als ein kräftiger Regen fiel.

Danach enthielt das Fass 180 Liter Regenwasser.

In den nächsten Tagen verbrauchte Herr Groß $\frac{4}{5}$ des Inhalts zum Gießen der Beete.

a) Wie viel Hektoliter Wasser brachte der Regen?
b) Wie viel Liter Wasser verbrauchte Herr Groß zum Gießen?

177. Übungsaufgabe

In der Klassenkasse der 6b waren 645,00 Euro.
Ein Fünfzigstel des Betrages kostete ein Blumenstrauß zum 50. Geburtstag des Klassenlehrers.
Die Klassenfahrt kostete insgesamt 735,70 Euro.
Wie viel Euro musste jeder der 22 Schüler zuzahlen, wenn die Klassenkasse vollständig genutzt wurde?

178. Übungsaufgabe

Früh am Morgen zeigte das Thermometer 19 °C. Dann stieg die Temperatur recht gleichmäßig 7 Stunden lang um 1,5 °C je Stunde, um dann ebenso gleichmäßig fünf Stunden lang um jeweils 1 °C zu fallen.

a) Stelle den Verlauf der Temperatur in einem Diagramm dar.
b) Die stündlichen Messungen begannen um 6 Uhr.
   Zu welcher Uhrzeit fand die letzte Messung statt und welche Temperatur wurde dabei festgestellt?
c) Berechne die Durchschnittstemperatur für diesen Tag.

179. Übungsaufgabe

Während eines Gewitters wurden an der Schulwetterwarte im Zentrum der Stadt 14 Liter/Quadratmeter Niederschlag gemessen und in der Gartenanlage außerhalb der Stadt liefen in der gleichen Zeit von einem 14,5 Quadratmeter großen Laubendach 174 Liter in ein Regenfass.
An welcher Stelle hat es mehr geregnet? Begründe.

180. Übungsaufgabe

Vroni bekommt monatlich 24 Euro · 0,75 Taschengeld und Reni 7,50 Euro · 2,4.
Wer bekommt mehr? Begründe.

Test 1 – Zahlenaufgaben

1. Testaufgabe
Die Hälfte von $\frac{3}{4}$ ist um das Doppelte von $\frac{2}{3}$ zu vermehren.

2. Testaufgabe
Welcher Bruch ist von 1,23 zu subtrahieren, damit die Differenz 1,2 ergibt?

3. Testaufgabe
Zu $1\frac{4}{5}$ ist zunächst $2\frac{1}{4}$ zu addieren und dann sind $1\frac{3}{10}$ zu subtrahieren.

4. Testaufgabe
Gegeben sind die Dezimalbrüche: 0,17 und 1,21 und 0,71.

a) Ordne diese Brüche, beginne mit dem kleinsten Bruch.
b) Subtrahiere die beiden kleineren Brüche vom größten Bruch.

5. Testaufgabe
Subtrahiere von 1 den fünften Teil.

6. Testaufgabe
a) $\frac{1}{2}, \frac{2}{3}, \frac{3}{4}, \frac{4}{5}, \ldots$
Ergänze die Folge dieser vier Brüche folgerichtig um drei weitere Brüche.
b) Berechne die Summe aller sieben Brüche.

7. Testaufgabe
a) 1,1, 1,11, 1,12, 1,13, …
Ergänze die Folge dieser vier Dezimalbrüche folgerichtig um drei weitere Brüche.
b) Berechne die Summe aller sieben Brüche.

8. Testaufgabe
$\frac{3}{7}$ ist um ihren dritten Teil zu vermehren.

9. Testaufgabe
$\frac{4}{9}$ ist um ihren vierten Teil zu vermindern.

10. Testaufgabe
a) Gib den Dezimalbruch an, der um 3 Hundertstel kleiner ist als 4,567.
b) Berechne die Summe der beiden Brüche.

Test 1 – Zahlenaufgaben

11. Testaufgabe
Die Hälfte von $\frac{3}{4}$ ist mit dem Doppelten von 0,15 zu multiplizieren.

12. Testaufgabe
Der Bruch $\frac{3}{20}$ ist so mit einer Zahl zu multiplizieren, dass das Produkt 1 ergibt.

13. Testaufgabe
Die Summe von $\frac{2}{3}$ und $\frac{2}{5}$ ist durch $\frac{4}{15}$ zu dividieren.

14. Testaufgabe
Die Summe von 9,6 und 6,9 ist durch die Differenz beider Zahlen zu dividieren.

15. Testaufgabe
a) Gegeben sind die vier Brüche $\frac{1}{2}$, $\frac{1}{4}$, $\frac{1}{8}$, $\frac{1}{16}$, …
Ergänze die Folge dieser vier Brüche folgerichtig um drei weitere Brüche.
b) Multipliziere den ersten Bruch mit dem 7. Bruch.
c) Dividiere den zweiten Bruch durch den 6. Bruch.

16. Testaufgabe
a) Gegeben sind die vier Dezimalbrüche: 5,0 4,9 3,8 2,7 …
Ergänze die Folge dieser vier Brüche folgerichtig um zwei weitere Brüche.
b) Multipliziere den ersten Bruch mit dem sechsten Bruch.
c) Dividiere den sechsten Bruch durch den ersten Bruch.

17. Testaufgabe
Die Hälfte von 3,1 ist zu verzehnfachen.

18. Testaufgabe
Der fünfte Teil von 0,4 ist zu verhundertfachen.

19. Testaufgabe
Das Anderthalbfache von 1,3 ist durch 10 zu teilen.

20. Testaufgabe
Das Doppelte von 1,4 ist durch 25 zu dividieren.

21. Testaufgabe
Teile die Summe von 1,11 und 1,1 durch deren Differenz.

Test 2 – Denkaufgaben

22. Testaufgabe
Monika benötigt anderthalb Stunden für eine Bildbeschreibung, 20 Minuten für die Aufgaben in Mathematik und eine Viertelstunde lang lernt sie Vokabeln.
Wie viel Stunden braucht Monika an diesem Nachmittag für die Erledigung ihrer Hausaufgaben?

23. Testaufgabe
Suse hat einen besonders langen Schulweg. Bis zur Haltestelle des Busses läuft sie eine halbe Stunde. Der erste Bus fährt eine Viertelstunde bis zur nächsten Haltestelle. Dort muss sie 10 Minuten auf den Anschlussbus warten, der auch wieder eine Viertelstunde bis kurz vor die Schule braucht.
Wie viel Minuten Zeit benötigt Suse für ihren Schulweg?

24. Testaufgabe
Mutter bereitet zum Kindergeburtstag eine Bowle für 12 Gäste vor.
Sie nimmt $2\frac{1}{4}$ Liter Kirschmost, zwei $\frac{1}{3}$-Liter-Flaschen Zitronensirup, $\frac{1}{2}$ Liter Bitterlemon, $\frac{3}{4}$ Liter Zuckerwasser und 3 Flaschen Mineralwasser zu je $\frac{7}{10}$ Liter.

a) Wie viel Liter Bowle stellt Mutter her?
b) Wie viel „Portionen“ zu $\frac{1}{3}$ Liter ergibt die Bowle?
c) Überraschend kommen weitere 6 Gäste und Mutter bereitet auch für sie eine Bowle in der gleichen Zusammensetzung.
Welche Mengen der einzelnen Bestandteile werden gebraucht?

25. Testaufgabe
Herr Bernd hat einen 288 Quadratmeter großen Kleingarten gepachtet und nimmt folgende Einteilung vor:
$\frac{3}{8}$ der Fläche nimmt er für den Gemüseanbau, $\frac{1}{3}$ ist für Blumenbeete geplant, $\frac{1}{12}$ soll als Kräutergarten dienen und die restlichen Flächen benötigen die Laube, der Kompostplatz und die Wege.
Stelle diese Verteilung in einem Streifendiagramm dar und gib dazu die entsprechenden Größen in Quadratmeter an.

26. Testaufgabe
Frau Schmitt verdient monatlich 1240 Euro.
$\frac{2}{3}$ von $\frac{3}{4}$ dieses Betrages werden als Steuern abgezogen.
Gib den ausgezahlten Betrag an.

Test 2 – Denkaufgaben

27. Testaufgabe

Eine Straße mit einer durchschnittlichen Breite von 4,8 Meter soll auf 3,2 Kilometer Länge einen neuen Belag erhalten.

$\frac{3}{5}$ davon sind nach 10 Tagen fertig.

a) Wie viel Quadratmeter der Straße müssen noch belegt werden?

b) Wie viel Tage dauert diese Arbeit?

28. Testaufgabe

Eine Baugrube, 2,4 Meter tief, 6,5 Meter breit und 7,2 Meter lang, ist nach einem starken Regen zu $\frac{2}{3}$ vollgelaufen.

Es wird eine Pumpe eingesetzt, die 7,5 Liter Wasser pro 3 Sekunden fördert.

Wie viel Stunden dauert es, bis die Grube geleert ist?

29. Testaufgabe

Die Schreibwarenabteilung eines Kaufhauses erhält eine Lieferung über eine Gesamtsumme von 442,80 Euro.

$\frac{1}{5}$ der Summe macht der Preis für Schreibhefte aus und davon $\frac{1}{3}$ für Hefte mit kariertem Papier.

Das waren genau 36 Hefte.

Was kostete ein kariertes Heft ab Großhandel?

30. Testaufgabe

Ein Baustoffhandel hat einen durchschnittlichen monatlichen Umsatz von 1,68 Mio. Euro.

$\frac{4}{7}$ davon entfällt auf den Verkauf von Material für Heimwerker und davon $\frac{2}{3}$ auf Anstrichstoffe und Farben.

Wie viel Euro werden durchschnittlich durch den Verkauf von Anstrichstoffen und Farben umgesetzt?

31. Testaufgabe

An die Konfektionsabteilung wird für 24 750 Euro Kinder-Oberbekleidung geliefert. $\frac{5}{9}$ des Gesamtbetrages machen Waren für die Mädchenbekleidung aus.

Von dem Anteil für Jungenbekleidung sind $\frac{3}{8}$ Jeanshosen.

Welche Summe macht der Anteil an Jungen-Jeanshosen aus?

32. Testaufgabe

Warum sind $\frac{3}{8}$ von $\frac{2}{5}$ von 40 Euro weniger als $\frac{7}{8}$ von $\frac{3}{10}$ dieses Betrages?

Test 3 – Anwendungsaufgaben

33. Testaufgabe
Der dritte Teil einer Zahl vermindert um den 5. Teil dieser Zahl ergibt 2.
Welche Zahl ist das?

34. Testaufgabe
Zwei Zahlen, die sich um 0,1 voneinander unterscheiden, ergeben als Summe 0,2.
Welche Zahlen sind das?

35. Testaufgabe
Susanne kauft im Papierwaren-Laden für sich und ihren kleineren Bruder kurz vor dem Ende der Sommerferien ein:
1 Block Löschpapier,
8 Hefte, kariert – ein Heft kostet 78 Cent,
6 Hefte, liniert – ein Heft kostet 75 Cent,
2 Radiergummis zu je 1,35 Euro,
2 unlinierte Blöcke zu je 2,15 Euro und
für alle Hefte Umschläge zu je 45 Cent.
Sie gibt drei Zehn-Euro-Scheine und bekommt 4,46 Euro zurück.
Wie viel kostete der Block Löschpapier?

36. Testaufgabe
Die Gärtnerei Franz verkauft neben anderen Waren auf dem Wochenmarkt frisches Sauerkraut. Es gibt 1-Kilogramm-Beutel zu 2,35 Euro und loses Sauerkraut.
Zum Schluss des Markttages stellt Herr Franz fest: Es wurden insgesamt 133 Kilogramm Sauerkraut verkauft – davon 47 Beutel – und dafür 286,75 Euro eingenommen.
Wie viel Euro kostet demnach 1 Kilogramm loses Sauerkraut?

37. Testaufgabe
Herr Reichlich hatte Guthaben auf zwei verschiedenen Banken eingezahlt.
Die eine Bank gewährte $\frac{35}{1\,000}$ des Betrages als Zinsen.
Das waren innerhalb eines Jahres 87,50 Euro.
Die andere Bank zahlte für 4 000 Euro Kapital genau 150 Euro Zinsen.
a) Welche Summe hatte Herr Reichlich in der 1. Bank angelegt.
b) Welchen Bruchteil der Kapitaleinlage zahlte die 2. Bank in einem Jahr als Zinsen?

38. Testaufgabe
Wie viel Gramm sind der fünfte Teil von $\frac{1}{4}$ Kilogramm?

Test 3 – Anwendungsaufgaben

39. Testaufgabe

$\frac{3}{4}$ der gelagerten sechsundneunzig 25-Kilo-Säcke Zement waren bereits auf den Kleintransporter aufgeladen, dessen zulässige Lademenge 2 Tonnen betrug. Hätte man den Rest noch aufladen können?

40. Testaufgabe

1,75 Liter einer Lösungsflüssigkeit wiegen 1 400 Gramm.

a) Wie viel wiegen $5\frac{1}{4}$ Liter dieser Flüssigkeit?

b) 70 Liter dieses Lösungsmittels lagern in einem Kunststoff-Fass, das selbst $\frac{1}{8}$ vom Gesamtgewicht wiegt.
Berechne das Gewicht des Fasses.

41. Testaufgabe

Ein Quader mit den Maßen (in Millimetern) 240 x 180 x 150 wird in einander gleich große Quader halber Höhe und halber Breite geteilt. Wie viel kleinere Quader entstehen auf diese Weise?

42. Testaufgabe

Ein Quader mit den Maßen (in Zentimetern) 20 x 120 x 160 wird in einander gleich große Quader mit Außenmaßen geteilt, die einem Viertel der Ausgangsmaße entsprechen.

a) Wie viel kleinere Quader entstehen auf diese Weise?

b) Berechne den Oberflächeninhalt aller kleinen Quader und vergleiche mit dem Oberflächeninhalt des großen Quaders.

43. Testaufgabe

Eine Kelterei liefert ihre Produkte in großen Tanks mit 12,5 Hektoliter Fassungsvermögen aus.
Eine solche Lieferung von 3 Tanks wird in Flaschen mit 0,75 Liter Fassungsvermögen gefüllt.
Wie viele Flaschen können gefüllt werden?

44. Testaufgabe

Eine bestimmte Sorte von Tintenpatronen enthält 0,95 Milliliter Tinte.

a) Wie viele Patronen kann man von 2 Liter Tinte füllen, wenn beim Füllen selbst ein Verlust von $\frac{1}{20}$ der Ausgangsmenge eintritt?

b) Wie viel Liter Tinte benötigt man, um 20 000 Patronen zu füllen, wenn beim Füllvorgang $\frac{1}{20}$ Verlust an Tinte eintritt?

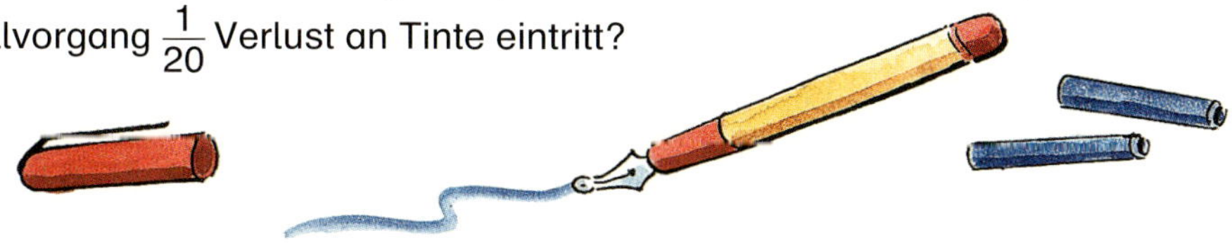

Wie schnell? Wie sicher?

In das gekennzeichnete Ausgangsfeld kann man jeden beliebigen Bruch einsetzen. Trage in die leeren Felder ein – Schritt für Schritt – den Pfeilen folgend!